L'APPROCHE SYSTÉMIQUE EN SANTÉ MENTALE

L'approche systémique en santé mentale

Sous la direction de Louise Blanchette

Les Presses de l'Université de Montréal

Couverture : Thomas Corriveau, *Sortis du mur*, 1997
© Galerie Graff

Données de catalogage avant publication (Canada)

Vedette principale au titre :

L'approche systémique en santé mentale

Comprend des réf. bibliogr.

ISBN 2-7606-1753-X

1. Santé mentale, Services de. 2. Soins intégrés de santé mentale. 3. Systèmes, Analyse de. 4. Alcoolisme - Traitement. 5. Jeunesse - Protection, assistance, etc.

RA790.5.A67 1999 362.2 C99-941611-1

Les Presses de l'Université de Montréal remercient le ministère du Patrimoine canadien du soutien qui leur est accordé dans le cadre du Programme d'aide au développement de l'industrie de l'édition.

Les Presses de l'Université de Montréal remercient également le Conseil des Arts du Canada et la Société de développement des entreprises culturelles du Québec (SODEC).

Dépôt légal : 4e trimestre 1999
Bibliothèque nationale du Québec

IMPRIMÉ AU CANADA

Préface

Quel plaisir de préfacer un livre qui met en évidence les progrès accomplis au Québec en thérapie familiale depuis les années soixante, époque où Nathan Epstein introduisit une formation à l'Hôpital Général Juif de Montréal.

Ces textes, très différents les uns des autres, donnent au lecteur une excellente idée de l'état actuel de la pensée et de la pratique systémique au Québec. Il y est question de l'histoire de la systémique, notamment au Québec, de thérapie systémique individuelle et de ses techniques, d'intuition et de vision systémique de la communication, d'autonomie et de changement organisationnel, de questionnement systémique et de processus de changement.

Force est de constater à quel point le champ d'influence et d'application s'est élargi. Il est loin le temps où le modèle systémique ne s'appliquait qu'à la famille. Je me souviens d'un dîner à Toronto, où Salvador Minuchin constatait que nous n'étions pas arrivés à implanter solidement la thérapie familiale dans les institutions sociales et hospitalières au sein desquelles nous travaillions. D'après lui, nous n'avions jamais considéré ces institutions comme des systèmes participants dont nous faisions partie et dont il fallait tenir compte dans notre pratique. Ce constat révélait l'existence de réseaux au sein d'autres réseaux, l'importance d'en tenir compte, et donc l'application possible du modèle systémique à d'autres champs que la thérapie familiale.

La réflexion suscitée par son propos me permit de mettre en perspective certains événements de ma vie professionnelle. J'en veux pour exemple mon expérience au département de pédo-psychiatrie de l'hôpital Sainte-Justine où j'introduisis, avec le Dr Martin Salomon, la thérapie familiale. Cette pratique resta marginale parce que nous n'avions pas tenu compte de la tradition des membres de l'institution. Pour ceux-ci seules semblaient prévaloir la dimension intra-psychique et l'inadéquation des parents dans l'étymologie du symptôme de l'enfant. Pour nous, l'intrication des relations à de multiples niveaux ainsi que le contexte devaient être pris en considération.

Quelques années plus tard, à la demande du depuis disparu Centre des services sociaux du Montréal métropolitain, Gérard Duceppe, Frédéric Labelle et moi-même instaurâmes un programme en thérapie familiale qui dura neuf ans. Il remplit sa mission de formation auprès des professionnels et produisit des changements dans la pratique et les mentalités de ces derniers. Toutefois, malgré cet apparent succès, l'institution nous remercia de nos services ! Qu'avions-nous oublié ? Une fois encore le constat de Minuchin se révélait juste. Nous n'avions pas tenu compte du système institutionnel qui nous avait employés et dont nous étions aussi des acteurs. En introduisant une nouvelle épistémologie sans tenir compte de la tradition de l'institution, nous mettions en place les conditions de notre sortie.

Ces deux exemples mettent en évidence que la pensée systémique, appliquée à l'origine aux systèmes familiaux, doit aussi s'appliquer aux autres systèmes, complexifiant ainsi la pratique.

Dès lors, un des défis de la pensée systémique en santé mentale est de réussir à tenir compte des divers systèmes en interaction : systèmes institutionnels et systèmes-clients avec leurs propres réseaux, système familial de l'intervenant, système thérapeutique et finalement système intrapsychique de chaque acteur.

La lecture de ces textes m'a permis de constater à quel point la pratique systémique a changé. À ses débuts, on semblait oublier que les systèmes étaient composés de personnes. Je me souviens qu'à cette époque il fallait constamment remémorer aux étudiants, ainsi qu'à leurs formateurs, que le système familial était composé d'individus. De surcroît, de personnes ayant des responsabilités ! Il y avait en effet quelque chose de « fou » dans le fait de faire comme si le système fonctionnait sans individus. Peut-être que cette période a toutefois été nécessaire pour réussir à passer d'un modèle thérapeutique uniquement centré sur l'intra-personnel à un modèle systémique.

Les auteurs de cet ouvrage collectif, chacun à leur façon, nous montrent que la pensée et la pratique systémiques ont évolué et se sont raffinées, et qu'elles tiennent compte désormais d'éléments de plus en plus complexes élargissant à la fois le champ de vision et le champ des possibles. Certains textes mettent en évidence le changement de mentalité des intervenants. Ces derniers ne semblent plus se situer au-dessus mais dans les systèmes souffrants, dans une position de co-découverte de l'information, de co-construction de la réalité et par conséquent de co-évolution. Il ne s'agit pas seulement de penser et de parler systémique mais d'en vivre la complexité. C'est ce que ce livre nous propose. À mon avis, c'est là que se situe la véritable révolution.

JACQUELINE C. PRUD'HOMME
Montréal, août 1999

Remerciements

Ce livre est le fruit des efforts conjugués de plusieurs membres de la Faculté de l'éducation permanente (la FEP) de l'Université de Montréal et de la Fondation pour la recherche en approche systémique (la FRAS).

La FEP et la FRAS remercient Louise Blanchette, responsable du Programme en santé mentale à la FEP, et le Docteur Suzanne Lamarre, ex-présidente de la FRAS, toutes deux à l'origine de ce projet, ainsi que Lorraine Camerlain, directrice des programmes de la FEP, pour son soutien. Elles remercient également toutes les personnes qui y ont contribué, et particulièrement Christine Archambault, travailleuse sociale qui a, par sa relecture attentive, veillé à la cohérence des textes.

Ce livre n'aurait par ailleurs pas pu voir le jour sans la collaboration de Louise Blanchette, responsable du collectif, qui s'est occupée de la circulation et du rassemblement des textes et de la coordination de l'ensemble de l'ouvrage.

Présentation

Cet ouvrage collectif est né d'une longue collaboration entre les responsables du programme en santé mentale de la Faculté de l'éducation permanente (la FEP) de l'Université de Montréal et la Fondation pour la recherche en approche systémique (la FRAS). Créée à Montréal en novembre 1991, à l'initiative de Guy Ausloos et de Suzanne Lamarre, avec l'aide de Michèle Cousineau et de Gérard Boyer, la FRAS a été mise sur pied pour donner aux praticiens québécois en santé mentale, désireux de travailler selon les théories systémiques, un espace d'échanges et de réflexion. Son but est de promouvoir la recherche et de nouvelles pratiques inspirées de l'approche systémique.

Dans cet esprit et depuis sa création, la FRAS organise des colloques et des rencontres réunissant de nombreux systémiciens francophones plus particulièrement autour du thème du sujet dans son organisation. Son intérêt premier est de favoriser l'autonomie de la personne en situation d'aide et la prise en considération de ses compétences.

Les textes de ce collectif illustrent ces préoccupations de la FRAS. Ils mettent en lumière les difficultés de changement tant dans les règles relationnelles qu'organisationnelles et témoignent de pratiques nouvelles. De ce point de vue, ils contribuent à l'avancement de la recherche et des nouvelles pratiques en approche systémique.

Qu'est-ce que l'approche systémique ? Le Dr Suzanne Lamarre en donne une définition très claire : « L'approche systémique se différencie de la pratique traditionnelle en santé mentale, par exemple, en ce qu'elle ne se limite pas au diagnostic de la maladie mentale et au traitement des symptômes, mais favorise la réorganisation de l'individu dans les divers contextes où il évolue, en misant sur la circulation de l'information plutôt que sur le contrôle. L'objectif de cette démarche est donc d'amener la personne et son entourage à prendre conscience des règles du système relationnel qu'ils ont développées au fil des ans. L'approche systémique est une démarche que l'on peut adapter aussi bien à un groupe d'individus qu'aux membres de toute structure organisationnelle. »

Les textes de cet ouvrage, rédigés par des membres de la FRAS et des chargés de cours du programme en santé mentale de la FEP, s'inscrivent dans cette perspective et présentent plusieurs démarches relatives à cette approche dans des lieux d'intervention différents. Le texte de Christian Côté brosse tout d'abord un portrait historique de l'approche systémique et de son développement, tout en présentant également les figures qui ont marqué ce mouvement. Après ce rappel, Jean Parratte, psychiatre, présente le modèle systémique : il rappelle les principaux concepts de la théorie des systèmes, les techniques de base et leurs applications.

Suivent ensuite plusieurs textes davantage rattachés à la pratique même de certains intervenants du milieu médical et social au Québec qui, chacun à sa façon, apportent un éclairage particulier sur cette question.

Ainsi, Louise Landry Balas, psychologue, propose, dans le cadre de sa réflexion et de sa pratique, l'intuition comme un nouvel outil d'intervention. Elle offre également un second texte sur la communication, élément déterminant des relations.

Dans une autre optique, la psychiatre et urgentologue Suzanne Lamarre nous propose une nouvelle compréhension des contextes relationnels pour les personnes qui consultent les services psychiatriques en période de crise. Sa pratique et sa réflexion portent surtout sur la reconnaissance des compétences des personnes en détresse, de leur vulnérabilité mais aussi de leur droit d'autonomie.

Diane Beauséjour, travailleuse sociale, s'intéresse quant à elle aux milieux organisationnels eux-mêmes. Elle présente à ce sujet son expérience dans un centre d'accueil où l'approche systémique a été intégrée à la philosophie de l'intervention et de la gestion.

Enfin, deux autres collaborateurs jettent un regard critique sur le fonctionnement de leur milieu d'intervention. Ainsi, Marie Dumas, criminologue, remet en cause les approches traditionnelles utilisées auprès des personnes ayant des problèmes d'alcoolisme et de toxicomanie. Elle nous livre une vision inspirée de l'approche systémique, son travail abordant de façon différente et neuve les personnes concernées et leurs familles.

Les contextes d'intervention dans les milieux de la jeunesse posent des problèmes particuliers. La réflexion de Jacques Bruneau, chef de service à la Protection de la Jeunesse, porte sur la complexité de ces cadres relationnels et institutionnels spécifiques. Il met ainsi en lumière l'un des grands paradoxes propres à ce type d'intervention, qui est de viser à la fois l'aide et le contrôle.

Enfin, un témoignage-fiction, écrit par Marc-Antoine Gingras, thérapeute familial et conjugal, illustre le processus de changement se produisant chez une femme dans le cadre d'une thérapie inspirée d'une approche systémique, ce qui permet de faire un lien entre théorie et pratique.

Ce livre veut donc, dans un contexte de profonds changements en ce domaine, permettre une ouverture, une perspective *recadrée* — pour utiliser un terme propre à la systémique — des modes relationnels en santé mentale. Le questionnement systémique est un processus qui se nourrit sans cesse des rencontres et des personnes qui le suscitent. Ce livre témoigne donc de ce processus de recherche et de réflexion. Il invite tous les intervenants actuels et futurs en santé mentale à poursuivre une telle démarche, au-delà des réflexions et expériences livrées ici.

Christine Archambault
Travailleuse sociale
systémicienne

Louise Blanchette
Responsable de programme
Certificat de santé mentale
Faculté de l'éducation permanente
Université de Montréal

Historique de la systémique (1920-1998)

CHRISTIAN CÔTÉ

La rigueur isolée est mort paralytique,
l'imagination isolée est insanité.

GREGORY BATESON

CE PREMIER CHAPITRE présente l'histoire de la systémique et le développement de ses applications en identifiant ses principaux courants aux États-Unis, en Europe et au Canada, ainsi que les facteurs qui l'ont entourée et ont influencé son évolution. Il passe en revue les caractéristiques des principales écoles, surtout les plus connues au Québec, présente les chercheurs et les auteurs que nous avons jugés les plus importants et explore les apports des théories complémentaires. Le chapitre se termine par une réflexion sur les tendances actuelles et le développement de la systémique dans un environnement professionnel complexe.

Les origines de la systémique (1920-1960)

L'idée de système se retrouve chez les philosophes grecs de l'Antiquité, qui voyaient l'univers comme un tout dont les parties sont interdépendantes. Leur enseignement, retransmis au Moyen Âge et à la Renaissance, a été mis de côté par les philosophes du siècle des Lumières qui voulaient à juste titre lutter contre la hiérarchie opprimante des pouvoirs politiques et sociaux et qui insistaient plutôt sur la prédominance de l'individu face à l'environnement social. Par la suite, le développement des sciences modernes s'est réalisé par le chemin de l'expérimentation empirique, qui divisait les objets étudiés en parties le plus petites possible pour mieux contrôler le processus de recherche et ainsi assurer la validité des résultats.

Dans les années 1920-1950, face à la division et à la croissance constante des spécialités, des scientifiques cherchèrent des principes autour desquels pourraient s'intégrer les sciences naturelles et sociales[1]. Le premier auteur à avancer l'idée de lois des systèmes semble avoir été A. Lotka, en 1925, à Baltimore. R. Defay, en Belgique, en 1929, appliqua le concept de système dans l'étude de la thermodynamique. Ludwig Von Bertalanffy, un biologiste, était convaincu de la nécessité d'identifier les règles qui organisent les relations dans les interactions entre les parties des organismes, et qui font que les comportements de ces éléments sont différents quand ils sont étudiés isolément ou à l'intérieur de l'organisme. Il développa les éléments de la théorie générale des systèmes dès 1932, mais ne put les publier, en raison de la guerre, qu'en 1950, pour écrire un texte plus complet en 1955, repris dans sa forme définitive en 1968 : *General System Theory*. Il critiquait le réductionnisme des sciences naturelles, et disait que les organismes vivants ne suivent pas les mêmes règles que la physique. Par conséquent on ne peut réduire les niveaux biologique, comportemental et social au niveau de la physique : les premiers sont des systèmes ouverts, et le dernier est un système fermé. Il soulignait la nécessité de sortir de la mécanique pour s'orienter vers la relativité et la complexité. Il tentait également d'éliminer les contradictions entre les différentes théories en développant des principes applicables à tous les phénomènes observés. Il proposa de les identifier comme des systèmes, ou ensembles d'éléments en interrelation entre eux et avec l'environnement (voir Boss *et al.*, 1993, chap. 14 ; Becvar et Becvar, 1996, chap. 2).

Ses équations mathématiques pouvaient être traduites pour les sciences humaines par les principes suivants : un système doit être compris comme un ensemble et non dans ses composantes ; on ne

1. Le lecteur qui veut approfondir les notions suivantes pourra lire les textes de présentation de Mony Elkaïm (1995), les chapitres portant sur ces théories dans Boss *et al.* (1993) et les premier et dernier chapitres de Becvar et Becvar (1996).

peut comprendre un système en étudiant ses parties de façon séparée; et les systèmes humains sont autoréflexifs, c'est-à-dire qu'ils peuvent s'observer et s'analyser eux-mêmes, établir leurs propres buts, vérifier si les moyens pris sont adéquats et efficaces, et apporter des correctifs venant de l'intérieur ou de l'extérieur. Un système humain fonctionne donc grâce à un niveau élevé d'échange d'informations (Boss *et al.*, 1993, p. 328-330). Il est essentiellement un *système cybernétique.*

Le caractère général de la théorie des systèmes fut perçu comme une source de compréhension plus vaste, une nouvelle façon de voir les objets étudiés et le monde dans lequel ils existent. Elle fut immédiatement utilisée par des scientifiques de haut niveau dans les domaines de la biochimie, du management et de la sociologie, qui l'appliquèrent aux théories spécifiques à leurs champs d'étude.

Dans le domaine de la psychiatrie, aux États-Unis, le Group for the Advancement of Psychiatry publia en 1958 une étude sur les applications possibles de la théorie des systèmes. Le terrain avait été préparé par Nathan Ackerman, le « grand-père de la thérapie familiale ». Il avait commencé sa pratique médicale auprès de mineurs au chômage, et fut frappé par l'impact des facteurs environnementaux sur la santé mentale et sur le fonctionnement des familles. Par la suite, dans des centres hospitaliers et des agences familiales de Philadelphie et de New York, il travailla avec les familles pour favoriser la santé mentale des individus. Il n'utilisa pas le terme de système, même s'il a insisté sur l'importance de l'homéostasie, « principe préservant la continuité de l'organisme humain dans des conditions environnementales en changement constant ... et maintenant l'équilibre dynamique de l'individu avec son environnement social ». Il utilisait surtout le concept de *rôle social.* (Voir Ackerman, 1958, p. 68-69. Toutes les traductions sont de l'auteur.)

Dès 1937, il insistait sur le fait que la famille doit être vue comme une unité, avec des interactions qui influencent le développement et le fonctionnement de ses membres. Il écrit que « la famille modèle les genres de personnes qu'elle requiert pour remplir ses fonctions » (*ibid.*, p. 19). Il demandait aux membres de l'équipe de faire des visites à domicile pour évaluer l'effet des conditions matérielles sur le développement des enfants et sur le fonctionnement global des familles. Il souligna la faiblesse des diagnostics traditionnels, qui « atomisent conceptuellement l'individu et le coupent des groupes qui l'entourent » au lieu de considérer « la manière suivant laquelle les relations familiales influencent le fonctionnement des membres de la famille » (*ibid.*, p. 9). Il affirma que « fondamentalement, la biologie, la psychologie et la sociologie s'occupent d'éléments artificiellement séparés du comportement humain et que la psychiatrie est une application d'une science de base qui n'existe pas encore » (*ibid.*, p. 8). Enfin, il remarqua que « les diagnostics sont parfois inappropriés à cause d'une emphase sur les aspects pathologiques, négligeant les aspects aussi réels indiquant la santé ». Il ajoutait : « Cette considération est d'une grande importance parce que la réhabilitation des personnes en détresse émotionnelle repose sur notre capacité d'utiliser pleinement ce qui est sain chez ces personnes et leur famille. » (*Ibid.*, introduction, p. 10)

Les premiers psychiatres à utiliser la théorie des systèmes travaillaient auprès des schizophrènes. En élargissant leur champ d'étude pour comprendre l'origine des problèmes de perception et de communication de leurs patients, ils étaient graduellement passés de l'étude du patient à l'étude des relations entre le patient et sa mère, puis entre le patient, sa mère et son père, et finalement à l'étude des relations dans la famille, en utilisant la théorie de la communication et la théorie des systèmes. Ce premier groupe se centra sur l'étude de la famille, même s'il mentionna les effets de l'environnement social et physique.

Murray Bowen étudia la famille principalement comme un système fermé. Il la définit comme un système émotionnel, dont les membres sont essentiellement reliés mais doivent se différencier. Les problèmes viennent principalement du manque de différenciation des membres ; la famille forme alors une masse émotionnelle indifférenciée, fusionnée, contenant une anxiété flottante irrationnelle, avec des attachements émotifs pathologiques qui ne peuvent se résoudre et sont transmis d'une génération à l'autre. Ces relations familiales duelles sont instables en situation de conflit, et les membres cherchent à diluer la tension en introduisant une troisième personne pour former ainsi un triangle. Ce triangle peut se former avec un autre membre de la famille, par exemple un parent ou un enfant, une personne de l'extérieur, une personne qui n'est plus présente mais qui a eu de l'importance dans le passé et qui demeure présente dans l'imaginaire de la famille ou d'un membre. Le triangle est « le plus petit système relationnel stable » ; mais pas nécessairement le plus efficace à moyen et long terme pour résoudre les conflits et permettre le développement harmonieux des membres.

Théodore Lidz développa les concepts de coupure et de clivage (*schism* et *skew*) dans les communications du couple ; il y voyait la source de la schizophrénie chez l'enfant.

Lyman Wynne insista sur l'importance des relations de rôles et des *patterns* de communication. Il proposa les concepts de *pseudo-mutualité*, règle exigeant que dans les échanges tous les membres agissent comme s'ils étaient d'accord quoi qu'il se passe, au détriment de la différenciation des personnes ; de *pseudo-hostilité*, règle favorisant des échanges apparemment opposés et même hostiles, mais superficiels et devant s'arrêter aussitôt qu'une certaine limite est atteinte ; et de *frontière de caoutchouc* entre les membres, frontière en constant mouvement en fonction non pas des événements vécus mais de la relation à maintenir, avec des rapprochements et des distanciations imprévisibles et inexplicables si on ne regarde que les faits. Ce qui entraîne de la confusion, de la rigidité et l'aliénation des membres.

Ivan Boszormenyi-Nagy présenta la famille comme un système actualisant des processus s'étendant sur plusieurs générations, qui se transmettent des dettes relationnelles en héritage. Ces dettes sont fondées sur des loyautés invisibles, généralement inconscientes, qui attachent les époux à leurs familles d'origine, qui ont souvent elles-mêmes reçu ces dettes de leurs propres parents. Une famille saine a des règles équitables et une éthique relationnelle, fondée sur le droit de chacun au respect de ce qu'il est. Une famille qui transmet la règle que les dettes doivent être payées sans tenir compte ni de l'origine passée de ces dettes, ni des besoins actuels de ses membres, ni de ce qu'ils sont, veulent et vivent, ni du contexte ; qui exige que des patterns soient répétés d'une génération à l'autre sous peine de manquer de loyauté et de vivre de la culpabilité, une telle famille manque à l'éthique et empêche le développement de ses membres. Boszormenyi-Nagy fut le premier à insister sur l'éthique et son importance dans les relations. (Pour plus de précisions sur ces quatre auteurs, voir Boss *et al.*, 1993, chap. 2 et Elkaïm, 1995, chap. 1 à 3.)

Durant la même période, d'autres disciplines appliquaient la théorie des systèmes à l'étude des systèmes humains, en développant des théories différentes de celles utilisées par la psychiatrie. La première fut la *cybernétique*, science étudiant les façons suivant lesquelles un mécanisme ou un organisme contrôle le passage de l'information pour s'autoréguler. La cybernétique s'occupe non pas des objets ou des personnes, mais des façons suivant lesquelles ils se comportent; elle ne cherche pas *quoi* ou *pourquoi*, mais *comment*. Elle se développa durant la guerre 1939-1945, dans des groupes de recherche composés de mathématiciens, dont John Von Neumann, Norbert Wiener, qui nomma la cybernétique à partir d'une idée exprimée par le physicien écossais James Maxwell en 1865, de psychologues, dont Kurt Lewin, d'anthropologues tels Gregory Bateson et Margaret Mead, de physiologues et d'ingénieurs. Quelques groupes continuèrent ensuite leurs rencontres pour développer la théorie et ses champs d'application, spécialement dans les relations humaines. Ils développèrent les concepts de *feed-back*, de *boucles de rétroactions ouvertes ou fermées*, d'*homéostasie*, d'*ensemble*, d'*interdépendance*, d'*autorégulation* et *d'inter-échanges* avec l'environnement. Avec les théories de l'information et de la communication, qui étudiaient non pas le contenu des messages mais comment ces messages étaient émis, transmis, reçus et décodés, la cybernétique contribua fortement au développement du paradigme nouveau que constituait la systémique.

Anthropologue, ethnologue et finalement épistémologue, Gregory Bateson s'intéressait aux façons suivant lesquelles les groupes sociaux utilisent les interactions sociales pour créer la stabilité et le changement dans leurs relations, et transmettre d'une génération à l'autre leurs croyances, leurs normes et leurs tabous. Il concentrait son attention sur ce qui se passait *entre* les individus.

Avec Malinowski et Radcliffe-Brown, Gregory Bateson mit l'accent sur la globalité, l'ensemble du système social, et les fonctions des structures sociales dans la régulation du comportement des membres. Sa participation aux groupes de recherche sur la cybernétique, l'information et la communication l'amena à tenter de les intégrer en un ensemble que nous pouvons appeler la cybernétique, ou la théorie de la communication, ou la théorie des systèmes. En même temps, il étudiait la théorie des types logiques de Russell et cherchait comment adapter cette théorie mathématique abstraite à l'étude des comportements humains concrets qui passent rapidement d'un type logique à un autre. Non conformiste, il était inspiré par l'esprit du mouvement de contestation moderniste qui recherchait des rapports sociaux fondés sur l'esthétique, l'équilibre et la symétrie plutôt que sur l'idéalisme philosophique et les normes sociales moralisatrices de la culture victorienne (Pauzé, 1996; Boss *et al.*, 1993).

Dès 1941, Bateson entra en contact avec Milton Erickson et ses idées sur la communication hypnotique comme moyen de contourner les blocages psychologiques et de libérer les forces internes des personnes. Il découvrit l'importance de la récursivité dans les comportements répétitifs. La récursivité est généralement comprise en systémique comme un échange circulaire entre des personnes vivant une même situation, qui fait que le comportement de l'une ne peut être compris que si l'on considère les comportements des autres qui lui donnent son sens: un dominant ne peut exister que s'il y a des personnes qui acceptent — ou sont forcées — de se soumettre, et vice-versa, chacun influençant et étant influencé.

Bateson proposa une dimension complémentaire: les comportements sont répétitifs dans des situations du même type ou de types reliés; chaque répétition accumule des informations sur l'acte posé dans un contexte donné; à chaque répétition nouvelle, les comportements antérieurs et leurs contextes sont présents, mais différents, et influencent le comportement nouveau: à partir des informations accumulées dans ses expériences antérieures du même type ou qu'il juge être du même type, l'organisme doit établir un lien avec le contexte actuel, et décider à partir de ce jugement de l'action à poser. Un système dont les règles sont souples peut s'enrichir et évoluer à chaque répétition; un système dont les règles sont rigides peut se rigidifier davantage à chaque répétition.

Bateson jugea cette récursivité plus importante pour comprendre l'action que le comportement lui-même. Selon lui, une décision se prend à partir de la hiérarchie des ordres de récursivité, qui détermine quelle information est la plus appropriée dans un contexte précis. Ceci s'avéra fondamental dans l'étude des communications et des décisions.

En 1952, il s'établit à Palo Alto, en Californie, et mit sur pied une équipe de recherche sur la communication, avec Jay Haley, spécialiste en communication, Don Jackson, psychiatre, et John Weakland, ingénieur chimiste et anthropologue. L'équipe s'intéressa aux inconsistances entre les niveaux de communication et entre les demandes et les réponses. Ils étudièrent les difficultés des schizophrènes à distinguer entre les niveaux de messages dans leurs communications avec leur entourage. Le groupe publia en 1956 *Vers une théorie de la schizophrénie*, qui présentait une théorie fondée sur les messages à double contrainte (*double-bind*). Il croyait que la communication des schizophrènes n'est pas privée de sens ni d'ordre, mais est incompréhensible en raison d'une erreur de structure logique dans la relation entre le locuteur et le contexte. Elle ne peut être comprise que si l'on considère la complexité de la communication : le message des faits et des idées, le message affectif, et le message sur la relation d'une part entre les personnes impliquées et d'autre part avec le contexte. Les membres de l'équipe croyaient alors que le problème de la personne schizophrène venait de ce qu'elle avait été soumise dans son enfance à une répétition de messages dont le contenu logique était contredit par le contenu affectif et relationnel, et dont les contenus relationnels étaient souvent confus et contradictoires, sans qu'elle ait eu le droit de demander des informations. Ils reconnurent plus tard que cette hypothèse de causalité principale n'était pas fondée, même si les problèmes relationnels et de communication jouent un rôle important chez plusieurs schizophrènes.

Par la suite, le groupe appliqua à l'étude de la famille, clairement identifiée comme un système, les concepts de *feed-back*, de règles et de frontières. En 1959, Bateson se retira et Don Jackson fonda le Mental Research Institute (MRI).

Cette période fut marquante pour le passage de l'attention à l'individu dans les relations humaines, surtout dans le traitement de la schizophrénie, à l'attention aux relations qui l'entourent et le modèlent ; pour le passage aussi de l'utilisation quasi exclusive de la psychodynamique et des sciences médicales à l'utilisation d'autres théories qui éclairent la compréhension des relations humaines, et qui finalement vont la transformer et proposer un paradigme nouveau, à partir de l'application de la théorie des systèmes. Ces développements se sont réalisés dans des équipes multidisciplinaires, dont les réflexions étaient souvent fort éloignées de la notion de maladie ou de pathologie. Ces équipes ont amené une transformation profonde de l'intervention auprès des systèmes humains, principalement la famille. Les concepts développés durant cette période furent tous utilisés dans les périodes suivantes. Mais les applications à la famille se faisaient en limitant l'étude au système familial vu comme problématique.

Le perfectionnement d'une épistémologie nouvelle (1960-1980)

Aux États-Unis

Les équipes psychiatriques continuèrent à développer des applications pratiques de l'approche systémique pour les familles ayant un membre schizophrène. Leur influence se répandit dans l'ensemble de l'Amérique du Nord et en Europe.

Au MRI, Don Jackson attira dans sa nouvelle équipe Paul Watzlawick, linguiste, spécialiste en communication et psychothérapeute, Virginia Satir, enseignante et travailleuse sociale, et Jules Riskin, psychiatre. L'étude de la communication dans la famille précisa le rôle des concepts de règles, de normes, de relations symétriques et complémentaires. Jackson décrit les règles du couple comme basées sur le *quid pro quo* (quelque chose pour quelque chose) : chacun donne quelque chose pour recevoir quelque chose. Si les échanges sont équitables, le couple fonctionne bien ; s'ils sont débalancés, le couple est dysfonctionnel. Watzlawick, Helmick-Beavin et Jackson publièrent en 1967 *Pragmatics of Human Communication* (1981), traduit sous le titre de *Une logique de la communication,* qui présente les rôles de la communication dans les relations interpersonnelles, les niveaux de communication, les types différents de messages inclus dans chaque échange ; les paradoxes sont présentés comme une partie normale de tout échange. La famille est essentiellement présentée comme un système ouvert, et les auteurs déclarent que la seule façon de la comprendre est de la considérer ainsi.

Pour vérifier ses hypothèses d'intervention, l'équipe fonda en 1967 le Centre de thérapie brève. L'intervention avait une approche de résolution des problèmes et visait à diminuer rapidement la souffrance des familles. Le problème était défini comme originant d'une tentative inefficace de résolution d'une difficulté antérieure. Les règles familiales empêchaient de chercher de nouvelles modalités plus efficaces. L'intervention ne visait donc pas la compréhension des raisons cachées venant du passé, ni l'évolution des membres, mais la modification de règles maintenant des modalités de résolution de problèmes faussées. Puisque des boucles de feed-back maintiennent des façons dysfonctionnelles de répondre à une situation problématique, l'intervention consiste à établir des boucles différentes de feed-back, pour arriver à des modalités efficaces de résolution de la situation. Le contenu est peu important ; le système utilisera lui-même des règles nouvelles pour se développer. L'approche est active et utilise surtout des techniques verbales indirectes et paradoxales pour réaliser le changement. Le thérapeute a un grand pouvoir ; il ne peut éviter d'influencer le patient, et a une responsabilité éthique quant aux effets de ses interventions sur la vie de ses patients.

Après le décès de Jackson, en 1968, l'équipe continua dans la même voie. Ses recherches mirent en lumière l'importance du rôle des deux hémisphères du cerveau dans la perception et les décisions de changement ; pour contourner l'hémisphère dominant, logique, qui maintenait le problème, l'intervention accédait à l'hémisphère non dominant, analogique, par des images, des recadrages, des ambiguïtés et des paradoxes. Le *pourquoi* logique est inefficace et doit être remplacé par le *quoi* et le *comment* du déroulement des faits. Le changement efficace n'est pas du premier ordre logique, touchant les faits ou comportements pour lesquels la demande de service a été faite, mais est un changement de second ordre, touchant l'organisation des relations autour des faits problématiques. Par son ouvrage, *Le langage du changement* (1980), et ceux auxquels il a contribué, notamment *L'invention de la réalité* (1988) et *Changements : paradoxes et psychothérapie* (1981), Paul Watzlawick exerça une immense influence auprès de tous les thérapeutes systémiques et familiaux. L'ouvrage de Richard Fisch, psychiatre, John Weakland et Lynn Segal, travailleuse sociale, publié en 1974 et traduit sous le titre *Tactiques du changement* (1986), présente et illustre leur approche.

Le MRI est probablement le centre qui a le plus marqué l'application de la théorie des systèmes dans le domaine de la recherche, de la formation et de l'intervention familiales. Il organise un congrès annuel sur différents thèmes. Son approche est essentiellement stratégique, mais ce qui en a été retenu est l'aspect d'intervention brève, sous lequel d'ailleurs elle se faisait connaître.

Virginia Satir travaillait au MRI comme chercheure et intervenante. Elle publia un manuel de formation en 1964, *Conjoint Family Therapy*, qui parut dans une nouvelle édition révisée en français, en 1982, sous le titre *Thérapie du couple et de la famille*. Après quelques années, elle quitta le MRI pour développer une approche orientée vers la croissance et le développement d'une communication plus satisfaisante. Elle déclara : « J'ai développé une croyance profonde que tout humain peut croître. Mon objectif en intervention est de toucher cette capacité et de la montrer aux personnes, pour qu'elles puissent l'utiliser pour elles. »

Tout en conservant une analyse systémique de la situation et de l'intervention, elle insistait davantage sur les effets nocifs de la règle de non-expression des sentiments sur le développement des personnes, et prônait l'expression de soi, le refus des non-dits, l'ouverture à soi et à l'autre, et la lutte contre les abus de pouvoir. Elle recherchait l'harmonie et le développement du bien-être dans le vécu des clients. À sa façon, elle proposait une perspective féministe. Son approche était active, directive. Elle fut accueillie par les thérapeutes familiaux, spécialement par les femmes, avec beaucoup d'enthousiasme et fut le principal point de référence dans de nombreux lieux de pratique. Elle exerça jusqu'à sa mort, en 1988, une influence comparable à celle du MRI.

Presque en même temps se développèrent l'approche dite structurelle de Salvador Minuchin, au Child Guidance Clinic de Philadelphie et l'approche stratégique de Jay Haley à l'Institut de thérapie familiale de Washington. Salvador Minuchin grandit dans une famille juive étroitement unie, dans un milieu antisémite et opprimant. Durant ses études de médecine, il fut emprisonné sans jugement durant quelques mois par le régime militaire de Peron. Il fit un séjour en Israël comme médecin militaire. Après une spécialisation en psychiatrie infantile à New York, il retourna en Israël travailler avec des enfants qui avaient survécu aux camps de concentration, ainsi qu'avec des jeunes venant de pays arabes. De retour à New York en 1960, il travailla avec des jeunes délinquants des ghettos. Il relia les problèmes de fonctionnement des jeunes à la désorganisation familiale et environnementale. Ses expériences personnelles et professionnelles expliquent l'importance qu'ont pour lui les conditions environnementales. Elles peuvent également expliquer ses attitudes très fermes face à toute forme d'injustice et d'oppression parentale et sociale (Minuchin et Nichols, 1993).

Il développa, avec une équipe composée de Edgar Auerswald, Braulio Montalvo, Bernard Guerney, Bernice Rosman, Harry Aponte, puis Jay Haley, Marianne Walters et Charles Fishman, une approche fondée sur la théorie des systèmes : la famille est plus que la somme des membres ; ce qu'il importe de connaître ce sont les interactions entre les membres, plus que les actions de chacun ; la communication est le moyen par lequel les membres se nourrissent, et par lequel on peut les rejoindre. Il accorde une importance particulière à la structure du système : les composantes, leurs positions relatives, les frontières entre les sous-systèmes et entre les membres, et les règles de fonctionnement ; de là le nom de thérapie structurale qui lui a été accolé.

Minuchin voit les problèmes comme résultant d'une difficulté d'adaptation de la famille aux transitions de la vie, lors de l'arrivée d'un enfant par exemple, ou à des changements dans les conditions de vie, comme un changement d'emploi, un déménagement, la pauvreté, etc. Cette difficulté résulte d'une structure dysfonctionnelle dans la famille, où les positions et les frontières empêchent le système de s'adapter et de favoriser le développement des membres de la famille, par des règles de fonctionnement qui ne correspondent pas aux exigences de l'étape de vie ou aux conditions dans lesquelles la famille se trouve. L'intervention est active, modifie les positions et les frontières par la communication, la manipulation de l'espace et des positions physiques des membres.

Son approche active et son insistance sur le fait que la psychiatrie pour enfants engage nécessairement la famille provoquèrent de fortes réactions ; des enquêteurs envoyés par le département de psychiatrie de l'université de Pennsylvanie déclarèrent même que « les idées du Dr Minuchin sont dangereuses pour le département ». Il reconnut plus tard qu'il avait partiellement provoqué ces réactions, et que cette provocation lui semblait nécessaire face à l'intolérance des autorités professionnelles devant les besoins des enfants et des familles, spécialement des milieux pauvres.

Minuchin a accepté de se « salir » les mains, c'est-à-dire de sortir de l'hôpital, d'aller travailler dans les quartiers défavorisés, et de vérifier de façon systématique des conditions sociales et physiques telles que le travail et le logement. Dans les publications de cette période, il a centré son attention sur la structure et la dynamique interne de la famille ; mais, dans ses présentations ultérieures, il est revenu sur la nécessité de tenir compte des conditions environnementales, et de travailler à changer celles-ci aussi bien que les conditions internes de la famille. En 1986, Minuchin déclara que pour bien faire comprendre la spécificité de son approche, il avait dû, à cette époque, laisser de côté plusieurs éléments importants pour l'intervention. Bien qu'insistant dans ses écrits sur les aspects systémiques « purs », il portait beaucoup d'attention, dans ses entrevues familiales, à chaque membre, était très chaleureux avec les enfants, et vérifiait des éléments du développement de chacun.

Il forma avec Jay Haley des thérapeutes familiaux sans formation académique antérieure, venant des milieux défavorisés, principalement des ghettos noirs. Il croyait que ces personnes pourraient mieux intégrer une pensée systémique. Leurs connaissances expérientielles constitueraient un atout puissant leur permettant de mieux comprendre l'influence du milieu de vie. L'expérience a été féconde, car leur appréhension rapide des effets des situations matérielles et leur attention au vécu et aux capacités des personnes qui réussissent à fonctionner dans un contexte difficile ont été enrichissantes pour les nombreux thérapeutes qu'elles ont contribué à former.

Il est intéressant de noter que Minuchin était très près, dans sa pratique, de Carl Whitaker (1989), dont la position théorique était apparemment contraire : ce dernier insistait sur la spontanéité, et refusait — en apparence — les règles théoriques. Les deux thérapeutes se rejoignent sur la nécessité d'écouter la famille, de partir de ce qu'elle demande et de ne pas suivre les règles établies lorsqu'elles ne sont pas efficaces.

Jay Haley fonda en 1976 le Family Therapy Institute de Washington, avec Cloé Madanès. Il propose une approche inspirée de Minuchin (Haley, 1981, p. 14) et des travaux du MRI. Comme Minuchin, Haley insiste sur la hiérarchie et le pouvoir relié aux positions familiales, sur l'importance des conditions sociales et matérielles de vie. Il étudie les hiérarchies familiales, les séquences de comportement et les patterns de communication, dans le ici et maintenant. Avec l'équipe de Palo Alto, il croit que les problèmes viennent surtout de façons inefficaces utilisées par les personnes et les familles pour régler une difficulté, et qu'ils sont perpétués par la rigidité de fonctionnement du système. Il insiste sur le caractère symétrique ou complémentaire des échanges visant le contrôle des relations, et sur les paradoxes inévitables dans les communications. Les symptômes sont des façons dysfonctionnelles d'interagir que les acteurs ne sont plus capables de modifier. Il a une approche active : il fait des plans et des stratégies adaptées à chaque situation et déséquilibre systématiquement les familles par des paradoxes.

Une des innovations de Jay Haley a été de souligner que puisque « la solution tentée devient une partie du problème », la façon dont les intervenants définissent la situation et proposent une solution peut causer un nouveau problème ou aggraver la situation. Ses ouvrages (1971, 1981) contiennent quelques pages très intéressantes sur l'analyse systémique des institutions et de leurs interventions, dans lesquelles il rappelle que les intervenants font partie du système-action, que leur action n'est pas dégagée de ce qu'ils sont, et que leurs déformations personnelles et institutionnelles sont aussi importantes que celles des clients.

Son approche a été enrichie par la contribution de Cloé Madanès, auteur de *Stratégies en thérapie familiale* (1991) et de *Derrière la glace sans tain* (1988), qui apporte de la spontanéité, de la créativité, une chaleur et une attention sensible au vécu des membres de la famille. Elle rejoint Satir dans son attention à la compassion et au pouvoir de l'amour. Elle maintient dans son intervention des aspects communs à toutes les interventions en situation de problèmes humains. C'est ainsi que sur une liste de vingt-cinq stratégies concrètes, elle propose dix-sept interventions directes, logiques et structurelles, et huit indirectes, analogiques ou réellement paradoxales (1990).

La théorie de la communication fut étudiée de façon différente par Richard Bandler, psychothérapeute, John Grinder, linguiste, et Robert Dilts, ingénieur. À partir de la question : « Qu'est-ce qui fait que des thérapeutes sont plus efficaces que d'autres ? », ils observèrent le travail de quelques grands thérapeutes, comme Milton Erickson et Virginia Satir. Ils établirent que chaque personne développe des programmes spécifiques de communication utilisant les canaux sensoriels internes et externes. Ces thérapeutes avaient développé des modes de communication pour rejoindre la programmation sensorielle utilisée par leurs interlocuteurs pour recevoir les communications, et avaient ainsi un accès privilégié à leurs centres de décodage et de décision. Les chercheurs ont proposé des modalités d'analyse et d'intervention permettant de faire consciemment ce que les thérapeutes — à l'exception d'Erickson — faisaient de façon inconsciente. Ils appelèrent leur approche la Programmation neurolinguistique (Bandler, Grinder et Satir, 1976 ; Bandler et Grinder, 1975). Elle se répandit dans l'ensemble de l'Amérique et en Europe, et constitue un puissant outil d'intervention. D'après leurs recherches, encore une fois, l'intervention ne peut réussir que si le thérapeute commence par écouter les personnes, s'adapte à elles, et, en utilisant leurs mots, leurs règles de pensée et leurs canaux sensoriels privilégiés de communication, leur propose des façons plus satisfaisantes d'utiliser leurs propres ressources.

Durant cette période, de nombreux centres de formation et de thérapie familiale systémique jaillirent dans l'ensemble des États-Unis. Leurs contributions furent connues principalement par la revue *American Journal of Orthopsychiatry* de l'American Orthopsychiatric Association et son congrès annuel, et par la revue *Family Process*; ces deux publications nous font connaître la profusion d'études, de discussions et de remises en question qui eurent cours durant cette période. Nous ne pouvons toutes les citer ici, mais je désire en mentionner deux.

À Galveston, au Texas, une équipe dirigée par Harry Goolishian et Eugène MacDonald développa la thérapie à multiples impacts. Il s'agit d'une intervention de psychiatrie communautaire, fondée sur la crise, centrée sur le problème et utilisant les ressources du système familial et de l'environnement. Cette approche insiste sur le rôle important de l'équipe dans le développement d'une perception approfondie de la situation et sur le fait de partager celle-ci librement avec la famille et le patient.

Un autre projet d'intervention de crise à Denver développa, avec la collaboration de Jay Haley et du MRI, un modèle systémique centré sur les ressources de la famille et de l'environnement (Langsley et Kaplan, 1968). Cette approche, très active, comprenait des visites à domicile, des médications, des techniques de communication, l'utilisation des ressources du milieu. Elle se fondait sur la capacité des membres de la famille « de se rendre mutuellement sains s'ils le doivent », et visait le développement de leur sentiment de responsabilité devant les effets de leurs comportements sur le fonctionnement de tous (Pittman, 1987).

Dans la même perspective se développèrent des approches de réseaux, à la suite de Speck et Attneave (1973). La plupart des expériences de réseaux visaient le développement des solidarités environnementales pour contrer les conditions amenant des problèmes de fonctionnement social ou de santé mentale. Quelques-unes s'orientèrent vers le développement de la prise de conscience des facteurs politiques et économiques à la base des problèmes et vers des actions plus politiques.

Devant l'ampleur de cette nouvelle épistémologie, il y eut de nombreuses réactions négatives et critiques. Une partie de la réaction défensive vint peut-être d'abord de la croyance en la prépondérance de l'individu et en la valeur exclusive de la science empirique, profondément ancrée dans les valeurs américaines. Des groupes scientifiques réagirent à l'affirmation que la théorie générale des systèmes pouvait constituer un cadre explicatif pour toutes les sciences; certains ont tenté de la présenter comme une perspective philosophique, non une théorie précise et universelle (Boss *et al.*, 1993, p. 346).

Dans le domaine de la psychiatrie et des autres professions d'aide, on perçut rapidement qu'elle constituait un changement radical dans la définition des problèmes et dans les interventions, puisque le cadre de référence devenait non plus l'individu mais les relations entre les membres d'un ensemble et l'organisation de leurs échanges, cadre dans lequel ce qui amenait les membres à se développer et à fonctionner venait principalement de l'ensemble, non de leurs caractéristiques individuelles (Pittman, 1987; Napier et Whitaker, 1978; Haley, 1971). Devant les violentes critiques, Haley répondit par plusieurs articles satiriques aussi virulents: *L'art d'être un échec comme thérapeute*, *L'art d'être un schizophrène*, *L'art de la psychanalyse*, *14 raisons pour lesquelles la thérapie familiale ne doit pas être admise dans une clinique d'hygiène mentale*, etc. (voir Haley, 1991).

Les groupes qui faisaient une analyse sociopolitique des problèmes humains et surtout les groupes féministes s'opposèrent à l'approche systémique, principalement pour les quatre raisons suivantes:

— la conception systémique telle que pratiquée par les hommes faisait systématiquement des femmes les boucs émissaires des situations-problèmes (Rachel Hare-Mustin, 1978);
— elle masquait les causes souvent sociales et économiques des problèmes, en psychologisant et familialisant les problèmes d'ordre matériel et interactionnel;
— elle postulait que le changement institutionnel dépend seulement et en dernière instance de changements individuels;
— en dépit des affirmations relevées chez Minuchin et Haley, elle n'avait ni perspective critique des positions occupées par les hommes et les femmes, ni analyse des effets des règles familiales, et contribuait à perpétuer des inégalités et des oppressions structurelles.

Il est intéressant de noter que ces groupes faisaient une analyse écosystémique des situations, mais qu'ils ont refusé de reconnaître cette appartenance, pour ne pas être identifiés au mouvement de thérapie familiale qui semblait monopoliser l'appellation systémique.

Enfin, à l'intérieur des équipes systémiques, des principes théoriques et méthodologiques étaient critiqués, principalement l'importance accordée à l'homéostasie. En 1970, David Speer publia un article-choc dans *Family Process* intitulé « Is Homeostasis Enough ? », dans lequel il proposait d'apporter plus d'attention au changement inhérent à tout système humain, c'est-à-dire aux forces morphogénétiques.

En Europe

À partir de 1965, l'analyse systémique se développa graduellement en Europe dans les centres psychiatriques, mais d'une façon très différente de ce qui se déroulait aux États-Unis. À côté du point commun que constituait l'insatisfaction dans le traitement des schizophrènes, le contexte social et culturel était très différent. Comme le souligne Ausloos (1998), le vent de révolte qui culmina dans les événements de mai 1968 dans les différents pays européens était une révolte contre des structures sociales rigides et oppressives. Il se manifesta dans les milieux de la santé mentale par l'antipsychiatrie, avec Laing, Cooper et Guattari, et visait la société et les institutions beaucoup plus qu'en Amérique. Cela eut pour effet de ne pas réduire l'approche systémique à la thérapie familiale mais d'orienter l'analyse vers le social, particulièrement vers les institutions ayant le rôle d'aider: les établissements médicaux, psychiatriques et sociaux, et vers la dialectique entre le macro- et le micro-social (voir Onnis dans Elkaïm(dir.), 1995).

Un autre élément de différence culturelle se trouve dans le génie américain, pragmatique, orienté vers l'action, le quoi et le comment, et le génie européen, analytique, insistant davantage sur la conceptualisation et le pourquoi. C'est d'ailleurs cette approche plus conceptualisante qui amena l'expression « *la* systémique », concept couvrant les différentes facettes de l'analyse et de l'intervention systémiques et qu'on ne peut traduire tel quel en anglais. Si les articles dans *Family Process* comportaient souvent une réflexion épistémologique et philosophique importante, la plupart des volumes présentaient surtout des façons de faire. Cette différence culturelle paraît dans les titres des traductions françaises. *Pragmatics of Human Communication* devint par exemple *Une logique de la communication*, et *Change: Principles of Problem Formulation and Principles of Problem Resolution* devint *Changements: paradoxes et psychothérapie* (Watzlawick *et al.*, 1981). Ausloos (1998) souligne ces difficultés et même les erreurs de sens causées par une traduction littérale de termes sans équivalents identiques dans la nouvelle langue.

Cette différence culturelle se manifesta également dans l'approche du temps. Plusieurs Européens, formés par une histoire longue, riche et parfois lourde, ne croyaient pas en l'intervention brève: « un changement doit prendre du temps » ; et « une intervention brève ne peut être que superficielle », oubliant le petit nombre de rencontres que comportaient les premières thérapies de Freud. Ils ne pouvaient pas accepter certains textes américains qui affirmaient que des changements significatifs pouvaient se faire rapidement, sans prendre le temps (!) de préciser quels types de changements.

Une autre différence est l'influence très grande de la psychanalyse en Europe, alors que les théories comportementales avaient cours aux États-Unis. Les patients en psychanalyse ne pouvant changer que lorsque l'inconscient est rejoint, plusieurs Européens attachèrent davantage d'importance aux façons indirectes paradoxales, qui amènent les patients et les familles à changer sans savoir pourquoi. De même, les interventions directes étaient beaucoup moins acceptées, parce qu'elles « manquaient de respect » envers l'espace familial, en comparaison avec les interventions indirectes, déséquilibrantes paradoxalement, mais plus « acceptables ».

Le dernier point, peut-être aussi important, fut que les Européens prirent connaissance en même temps des publications de Watzlawick, Haley, Minuchin, Satir, Bowen et des autres, à partir de 1970. Ils furent ainsi protégés des divisions qui s'étaient construites entre les écoles américaines et insistèrent sur la perspective systémique générale et sur la cybernétique.

En Angleterre, Bowlby avait commencé à voir les familles avec les enfants. Il voyait la famille non comme un système, mais comme le lieu le plus important du développement de l'enfant. La vague de l'antipsychiatrie attaqua les normes établies dans l'évaluation des problèmes de santé mentale. Ce n'est pas l'enfant qui est malade mais la famille et la société, clamaient Laing, Cooper et leurs collègues. Une position systémique moins radicale et très raffinée se développa à l'Institut Tavistock de Londres, qui maintint en même temps son orientation analytique, et dans d'autres centres britanniques. Leurs productions sont malheureusement peu connues dans le monde francophone.

L'Italie fut le lieu du premier développement important de la systémique, avec Mara Selvini Palazzoli. Insatisfaite des résultats du traitement des schizophrènes, elle suivit une formation en systémique et fonda en 1967 le Centre d'études de la famille, à Milan, avec Luigi Boscolo, Gian Franco Cecchin, et Giulana Prata. Leur approche voyait la famille comme un ensemble dont l'organisation relationnelle nuisait au développement des membres, principalement des enfants. Initialement, elle s'inspirait fortement de l'approche du MRI et de Haley. Son principal apport fut l'insistance sur la connotation positive des comportements, l'utilisation des rituels familiaux, le recadrage paradoxal et les prescriptions paradoxales, et le long intervalle entre les rencontres. Pour diminuer la rigidité des perceptions et indiquer la possibilité de changements, elle faisait remplacer le verbe *être* par les verbes *sembler* et *montrer*. Elle utilisa de façon innovatrice une équipe observant derrière le miroir sans tain pour proposer des messages paradoxaux et déséquilibrer la famille par l'instauration d'un triangle : la famille, la thérapeute et l'équipe observante alliée à la famille. Elle insistait sur la neutralité du thérapeute. L'ouvrage *Paradox and Counter Paradox*, que fit paraître cette équipe de chercheurs en 1975, exerça une grande influence (Selvini Palazzoli *et al.*, 1990).

Le Centre d'études de la thérapie familiale et des relations de Rome fut le deuxième centre d'intervention systémique, avec Luigi Cancrini, Luigi Onnis et Maurizio Andolfi principalement. Il s'inspira initialement de Minuchin, Palo Alto, Haley, et aussi des travaux de Franco Basaglia, chef de file de la lutte contre les pratiques asilaires italiennes et promoteur de la « désinstitutionnalisation » massive des internés. L'approche systémique fut perçue comme une méthodologie d'interprétation de la réalité sociale : l'école, le milieu professionnel, les hôpitaux. Andolfi, qui fonda ensuite l'Institut de thérapie familiale de Rome, donna une grande importance à la sécurité de l'enfant, et, tout en maintenant une approche indirecte, il insista sur la nécessité de prendre position et de se rapprocher avec une certaine chaleur des patients, pour « faire tomber les murs ».

Stefano Cirillo fit une étude particulièrement intéressante des règles et des jeux des familles naturelles et des familles d'accueil lors d'un placement, des jeux entre les intervenants et les deux familles, et de ceux se produisant dans le système des intervenants.

Dans les pays francophones, l'apport des premiers systémiciens fut d'abord la diffusion de la pensée et des méthodes systémiques par la traduction des ouvrages américains. Jean-Claude Benoit fut un artisan important de cette diffusion comme responsable de la collection « Sciences sociales appliquées », aux éditions ESF. Les applications de la théorie systémique se développèrent surtout selon deux champs. Le premier était celui de la psychiatrie, où l'on utilisa les théories de la communication et la cybernétique, en les reliant aux concepts psychanalytiques. Des centres se développèrent à Paris et à Grenoble. Un deuxième champ se développa dans l'application de la pensée systémique aux institutions, considérées dans leur organisation et dans leurs relations avec leurs clients. Jean-Claude Benoit appliqua notamment la pensée systémique à ce champ (1984).

Mony Elkaïm, psychiatre demeurant en Belgique, suivit une formation à New York, dans le même hôpital que Minuchin et Andolfi, et ouvrit son orientation systémique aux environnements sociaux et professionnels. Dans le même temps, il développa une approche particulière de la répétition systémique dans les rôles familiaux et relationnels adultes du programme de vie appris dans l'enfance. Il fonda l'Institut d'études de la famille et des systèmes humains de Bruxelles, avec Isabelle Stengers, et en 1979 la revue *Cahiers critiques de thérapie familiale et de pratique de réseaux*. Cette revue publia des traductions d'auteurs américains et italiens, et beaucoup d'études novatrices. Elle fut un lieu de diffusion des textes présentés dans des congrès sur la systémique.

Guy Ausloos, psychiatre belge ayant fait sa formation en France, en Italie et en Suisse, proposa une approche fondée sur l'existence des ressources internes des systèmes traités. Il recommande, plutôt que d'imposer des façons correspondant aux normes des systèmes traitants, d'activer les ressources des systèmes traités qui prendront ensuite les directions qui leur conviendront. Il appliqua ces prémisses dans des interventions auprès de jeunes en institution ou dans leur famille, ainsi qu'auprès des alcooliques. Il fonda à Genève, avec Daniel Masson, la revue *Thérapie familiale*.

De nombreux autres systémiciens européens développèrent des aspects théoriques et pratiques de la théorie des systèmes. Philippe

Caillé, en Suède et en France, propose l'utilisation conjointe de la psychanalyse, des contes métaphoriques, et de la théorie des systèmes; Helm Stierlin, en Allemagne, fit une intégration des méthodes américaines et de la culture allemande dans l'analyse des systèmes; Jacques Pluymaekers, en Belgique, développa une excellente analyse des dynamiques systémiques institutionnelles; Bernard Prieur, Pierre Angel et Sylvie Angel ont appliqué la systémique à l'intervention auprès des toxicomanes. Leurs écrits exercèrent une grande influence.

Au Québec et au Canada

Grâce à quelques formateurs attentifs, les connaissances développées dans les centres américains ont été très tôt étudiées au Québec. Dès 1958, Heyda Denault, de l'École de service social de l'Université Laval à Québec, proposait une perspective systémique dans l'étude de la famille et puisait dans les publications du Dr Nathan Ackerman. À Montréal, Myer Katz de l'École de service social de l'Université McGill, en collaboration avec l'Institut Baron de Hirsch et les Services sociaux juifs à la famille, développait une approche familiale qui considérait les problèmes des familles comme relevant de l'organisation de la famille et de ses relations avec l'environnement social, au-delà des caractéristiques des personnes qui composaient la famille.

En 1964, le Dr Nathan Epstein, formé à New York avec le Dr Ackerman, mit sur pied une équipe de thérapie familiale au département de psychiatrie de l'Hôpital Général Juif de Montréal. Cette équipe organisa ensuite un programme de formation à la thérapie familiale. Son modèle, qui fut plus tard appelé le modèle McMaster du nom de l'université où le Dr Epstein s'établit après son départ de Montréal, se fondait surtout sur la théorie des rôles et de la communication et était orienté vers la santé mentale. La même équipe forma dans les années 1970 le noyau de l'Institut de psychiatrie communautaire et familiale de Montréal. L'approche devint ouvertement systémique. Des formations données à Montréal par Watzlawick, Minuchin et Haley contribuèrent à stimuler le développement de la pensée systémique.

Dans les années 1970 ont émergé deux tendances plus spécifiquement québécoises. Gérard Duceppe et Jacqueline C. Prud'homme ont élaboré un programme de formation à la thérapie familiale systémique et développementale, basée sur l'approche de Virginia Satir, mais utilisant aussi des éléments inspirés d'autres auteurs. Grâce à la valeur et au charisme des deux formateurs, leur approche fut acceptée par un grand nombre de thérapeutes. Ce noyau de formateurs fut à l'origine, durant les années 1980, d'une revue spécialisée de haute qualité intitulée *Systèmes humains*.

Maurice Moreau, enseignant à l'Université Carleton puis à l'École de service social de l'Université de Montréal, s'était formé avec Watzlawick, Minuchin et Satir. Il critiqua ces modèles en soulignant qu'aucun ne tient vraiment compte des facteurs sociaux qui pourtant constituent la principale source des problèmes vécus par les clients des agences sociales ; de plus, à l'exception de Virginia Satir, les intervenants acceptent selon lui la reproduction des modèles d'inégalité perpétués par la société.

Moreau proposa une approche critique qu'il appela d'abord écosystémique puis structurelle, fondée sur une analyse sociopolitique des situations, centrée sur l'identification et la dénonciation des inégalités et des oppressions causées par les conditions sociales : les comportements sont influencés directement par la position occupée par les personnes dans une société, en raison des déterminants sociopolitiques reliés à cette position. Les problèmes viennent des inégalités établies à l'extérieur des familles et intériorisées par les personnes, non conscientes des pressions qui les amènent à se croire responsables personnellement de difficultés qui tiennent en fait à des conditions sociales et matérielles. L'approche cessait d'être surtout familiale pour se centrer sur l'individu et le groupe, la famille étant vue par plusieurs intervenants comme le lieu de reproduction des valeurs traditionnelles inégalitaires. Le cadre d'analyse n'était plus la théorie des systèmes mais l'analyse critique de l'organisation sociale conflictuelle. Néanmoins, Moreau se fondait constamment sur une analyse écosystémique des situations (1987 et 1982).

Une autre approche écosystémique, moins critique, et qui préférait ne pas souligner son aspect systémique, se développa dans les années 1970, avec Claude Brodeur, Richard Rousseau et Pierre Daher (Brodeur *et al.*, 1980) : l'approche de réseaux. Elle posait les conditions environnementales comme la source principale des problèmes vécus par les personnes et les familles, et comme possédant les principales ressources pour la résolution de ces problèmes. Le principe est que le problème vient du milieu, et que la solution vient aussi du milieu. Plutôt que de mener d'abord vers l'action sociopolitique, cette approche se concentre sur le regroupement et la stimulation de l'environnement immédiat, en portant attention aux ressources plus qu'aux problèmes. Elle s'avéra très valable pour les problèmes de santé mentale, par la responsabilisation et l'activation des ressources environnementales.

Quelques formateurs de l'Ouest canadien exercèrent une grande influence : Karl Tomm surtout, de Calgary, qui développa les questions circulaires proposées par l'École de Milan, comme moyen d'accéder aux significations et aux ressources inconscientes de la famille, et David Freeman, de Vancouver.

On voit donc que cette période se termine par une turbulence des idées et des pouvoirs propre à provoquer de nouvelles percées dans les théories et les pratiques. Les différences et les complémentarités des pensées américaine et européenne constituent une nouvelle source de développement. Minuchin pouvait dire en 1978 (Elkaïm (dir.), 1995) : « Nous entrons dans une nouvelle phase, pleine d'incertitudes et d'interrogations ... il appartient aux nouvelles générations de trouver de nouvelles intégrations. »

De nouveaux concepts et de nouvelles applications (1980-1998)

Cette période a connu une explosion de nouveaux concepts et de nouvelles applications. L'approfondissement théorique a donné à la discussion de la définition des problèmes et des modalités d'intervention une dimension épistémologique : comment connaissons-nous ce qui existe, et comment savons-nous que nous connaissons ? Ce texte ne peut aborder cet aspect en profondeur ; les lecteurs intéressés pourront consulter l'ouvrage publié sous la direction d'Elkaïm (1995) et celui de Becvar et Becvar (1996), ainsi que les auteurs qui y sont cités. Nous évoquerons les concepts étudiés, les discussions qui se sont déroulées, et certaines implications qui en ont résulté pour l'intervention. Nous ne maintiendrons pas la distinction entre les développements en Amérique et en Europe, en raison de la multiplication des échanges.

Le premier changement, commencé plusieurs années plus tôt, toucha l'*homéostasie* et la *cybernétique*. Les premiers systémiciens avaient étudié les modalités suivant lesquelles un système tente de maintenir ou de retrouver son équilibre face à des changements menaçants, par des mécanismes homéostatiques c'est-à-dire tendant vers la stabilité. Les forces morphogénétiques, visant le changement, étaient considérées mais l'attention principale était portée sur l'homéostasie. Cela s'explique d'une part, comme Mony Elkaïm le remarque au sujet de Watzlawick, par le fait que ces premières approches, s'inspirant de Von Bertalanffy, cherchaient à provoquer un mouvement tout en visant à rétablir l'équilibre et l'homéostasie, mais aussi, d'autre part, par le fait que les chercheurs en psychiatrie étudiaient les familles de personnes schizophrènes, où le changement était structurellement bloqué et l'homéostasie rigidement maintenue.

Comme les pressions de changement sont inéluctables dans tout système vivant, la *seconde cybernétique* étudia les mécanismes suivant lesquels le système change son organisation et se transforme, soit en s'ouvrant au nouveau, soit en devenant plus rigide.

Des recherches plus élaborées par les biologistes Maturana et Varela, et par le physicien Von Foerster, tinrent compte du fait que le système observé et le système observateur étaient en relation continue et avaient des échanges constants, et que chacun avait une influence sur l'autre: il s'agissait donc d'un nouveau système, composé des deux premiers. On développa alors les règles de la *cybernétique de second ordre*. Elle se distingue de la *cybernétique de premier ordre*, où l'observé est perçu comme séparé de l'observateur, par le fait que l'observateur et l'observé sont en relation et constituent un nouveau système; les échanges entre les deux sous-systèmes amènent une modification de chacun; l'observateur est influencé par l'observé autant que l'observé est influencé par l'observateur. La réalité nouvelle construite chez chacun en cours d'observation tient des deux perceptions de la réalité. Chacun demeure soi et auto-organisationnel, et devient autre dans une co-évolution vers une signification et un projet ouverts à un avenir possible et nouveau. Elkaïm insiste sur le fait que ce qui se développe chez l'observateur et chez l'observé est fonction de ce qui se passe non seulement *en eux* mais *entre eux* et *dans le système*.

Pour l'intervention, il s'agit là d'un changement aussi radical que le fut celui de l'arrivée de la théorie des systèmes. L'analyse ne porte plus sur ce qui se passe *là, en dehors*, sur ce que nous découvrons et pouvons partager avec l'*autre*, mais sur les échanges et la relation entre l'observé et l'observateur, sur ce que nous pensons et sur l'épistémologie de chacun (Becvar et Becvar, 1996). Le mouvement de changement ne dépend plus seulement du système observé mais aussi du système observateur et des échanges entre eux. Il se fait grâce au couplage entre les deux. Elkaïm établit que les comportements du système observateur sont autoréférentiels, c'est-à-dire qu'il réagit en référence à ses connaissances et aussi à ses expériences du même type que les expériences rapportées par le système-client ou vécues dans la rencontre. Il parle de *résonances* pour identifier les réactions de l'observateur face à ce que l'observé lui présente — sachant que les deux sont tout à la fois observés et observateurs. Ces résonances ne correspondent pas à l'ensemble des expériences, mais elles sont limitées et précises; une partie seulement de l'autoréférence totale est active. L'intervenant systémique peut, s'il est conscient de ce qui se joue, choisir dans ses multiples expériences ce qui convient au mouvement désiré. Elkaïm compare ce processus au fait de feuilleter rapidement un livre contenant des centaines de pages; l'interaction avec l'autre fait *résonner* des pages plus que d'autres; et chacun — s'il en est conscient — peut choisir dans ces pages celles qui conviennent au mouvement désiré; sinon, le choix se fait de façon automatique et incontrôlée.

Ausloos en déduit un corollaire intéressant: pour être efficace et résonner de façon appropriée, le thérapeute doit être à l'aise, et prendre les moyens pour y arriver. Ausloos dit en effet que la question n'est pas simplement quel problème a le client, mais *quel problème j'ai avec le client et son problème*. Dans la même optique, Jacqueline C. Prud'homme insiste sur la nécessité d'aider le thérapeute à se sentir bien et capable de répondre aux demandes du client.

La cybernétique de second ordre précise le concept de *système ouvert*: un système vivant est à la fois ouvert, dans ses échanges avec l'environnement, et fermé, pour maintenir son identité et son autonomie. Il peut avoir ces deux propriétés par son *autopoïèse*, ou son *auto-organisation*: il existe et fonctionne à partir de ce qu'il est, des modes de relation entre ses parties; et il utilise les informations reçues de l'environnement en autant qu'elles correspondent à ce qui est jugé acceptable, recevable, et utilisable par son organisation antérieure. Il doit transformer ce qui est différent en quelque chose qui corresponde à ce qu'il est; ce qu'il ne peut transformer est refusé ou nié. L'évolution est lente mais possible, car le système, ouvert à l'environnement, n'est pas clos; et il est par ailleurs nécessaire que ce changement corresponde à ce que le système est à ce moment précis. Si les règles internes sont souples et ouvertes, le changement se fait harmonieusement, facilement et avec cohérence ; si les règles sont rigides et fermées, le changement se fait difficilement et avec des tensions.

L'intervention est profondément influencée par ce développement théorique : même si on a toujours su que « ce qui est reçu prend la forme de ce qui le reçoit », on précise maintenant que le système nouveau observé-observateur ne peut se constituer que si l'observé accepte de recevoir l'observateur, et vice-versa. Et une intervention par l'observateur ne peut être efficace que si elle correspond à ce que l'observé croit être recevable. Ce que Minuchin soulignait en recommandant de commencer par « joindre » la famille. Ce qui explique aussi que d'excellentes interventions ne sont simplement pas reçues.

Elkaïm apporta d'importantes contributions à partir de sa collaboration avec Ilya Prigogine, prix Nobel de chimie, et de ses études sur les systèmes hors de l'équilibre. Il vit les systèmes comme composés d'éléments différents dont les relations constituent le fonctionnement et le développement des systèmes. Les caractéristiques individuelles de ces éléments demeurent importantes, tout comme leurs relations changeantes au fil du temps et leurs échanges spécifiques avec l'environnement. Ces systèmes peuvent coopérer si leurs éléments entrent en résonance, et par leurs *couplages* forment des assemblages harmonieux. Ces couplages et ces assemblages varient constamment, à partir de l'état changeant des caractéristiques individuelles et de leurs relations, et des interactions avec un environnement changeant.

En même temps, l'influence des théories postmodernes se faisait sentir. La critique de la science comme exacte objectivement et la *relativité* appuyèrent le refus des normes universelles et l'attention à la subjectivité. L'importance des faits fut remplacée par la valeur des perspectives variant avec les personnes et les systèmes. Le *principe d'incertitude* de Weisenberg appuya l'opposition aux affirmations universelles et la nécessité de la critique constante.

La notion de *complexité* éclaire ces incertitudes et ces contradictions, qui s'opposent à la logique rationnelle, cartésienne, mais pas à la richesse de la nature et de la pensée. Edgar Morin (1991, 1990) souligne que la complexité permet de comprendre qu'il y a une cohérence logique rationnelle, et des cohérences tout aussi logiques à d'autres niveaux: analogique, métalogique. On peut appréhender des facettes de la « réalité », mais en raison de la finitude de notre pensée, il demeure des ambiguïtés, des incertitudes; toute explication logique qui tente de les éliminer est réductionniste et « mutilante ». Morin a une magnifique image de la complexité quand il présente la nature et la pensée comme un tissu en évolution constante, avec une trame de base, et des brins de diverses textures et de multiples coloris qui viennent enrichir la trame et constituer avec elle le tissu complet. La réalité est une articulation de multiples niveaux, différents, autonomes, complémentaires et en circularité. Ici se trouve le fondement théorique de la position qui ne dit plus: « ...., *mais...* » pour dire plutôt: « ..., *et* ... », qui cherche dans les multiples facteurs présents ceux qui donnent un accès aux changements possibles convenant au système, non pas celui qui explique tout et s'oppose aux autres. La complexité exige dans toute situation de prendre plusieurs angles d'observation, de ne pas se rebiffer devant les ambiguïtés, et de plutôt y voir des richesses.

Aucune planification ne peut prévoir ces éléments de la réalité complexe. Le *hasard* fait entrer en jeu des facteurs imprévus et souvent imprévisibles, qui amènent des réactions imprévues dans le système-client et dans le système-action.

Une autre théorie reliée est celle du *chaos*. Elle a été développée par les astrophysiciens, dans l'étude de l'évolution de l'univers: comment du chaos primitif un univers organisé a-t-il pu émerger? On a constaté que dans le chaos, où la désorganisation semble complète, les éléments de nouvelles organisations existent; et l'organisation qui va primer sur les autres et donner forme au nouveau système dépendra des influences — internes et externes — qui marqueront les conditions primitives, au début de la désorganisation, donc au début de la nouvelle organisation. Une petite influence qui s'exerce à ce moment amène une convergence des énergies, alors vulnérables aux pressions parce qu'elles ne sont pas encore organisées, et aura des effets d'une grande ampleur plus tard. De plus, des simulations informatiques de chaos ont montré que les lignes chaotiques qui se tracent ont de la régularité, et passent toutes dans des endroits identiques, qu'on a appelés des *attracteurs étranges*.

Cela a donné un nouvel éclairage à l'analyse et à l'intervention: même dans les situations chaotiques il existe des éléments d'organisation. On n'a qu'à demeurer disponible et attendre; les répétitions vont nous indiquer les endroits où intervenir. Ces interventions ne sont pas nécessairement fortes ; si elles sont faites au bon moment — comme en crise — et au bon endroit, une organisation nouvelle, correspondant au système en cause, va émerger d'elle-même et va se consolider avec notre appui.

Le *féminisme* fut une autre épistémologie importante dans l'évolution de la systémique. Ses apports sont l'attention à la politique, l'insistance sur l'absence, dans les interventions systémiques, d'un regard critique sur la répartition du pouvoir et l'utilisation qui en est faite dans la société et dans les familles, la recherche de l'égalité, l'accent mis sur le partage et l'intuition, l'idée selon laquelle il faut commencer sans savoir ce qui existe et ce qui devra se faire (*not-knowing*), et finalement, l'introduction d'une attention au genre (*gender*) dans l'analyse et dans l'intervention. Virginia Satir demanda à Minuchin, lors d'un colloque à Philadelphie en 1985 : « Sal, si tu as des attitudes aussi actives et bousculantes parfois, est-ce à cause de ton éducation comme mâle ? » (la réponse de Minuchin se perdit dans les applaudissements des femmes présentes). Le féminisme a ainsi souligné l'effet de l'identité sexuelle dans les actions et a proposé des attitudes dites féminines dans les interventions : la nécessité d'avoir de la compassion et de la douceur dans les interventions, d'apporter du *caring* et de toucher les membres de la famille. La plupart des thérapeutes manifestaient de la compréhension et une certaine douceur dans leurs interventions ; les féministes en firent une habitude, non une exception. Deborah Anna Luepnitz (1992), dans une étude des principales approches de thérapie familiale à partir des théories féministes, souligne ces aspects. Elle fait remarquer notamment que les explications cybernétiques pouvaient expliquer en quoi les relations intrafamiliales peuvent ressembler au fonctionnement d'un thermostat, mais pas en quoi elles en diffèrent (Elkaïm (dir.), 1995, p. 443).

Plusieurs féministes continuèrent à refuser de considérer la complémentarité dans les relations de pouvoir homme-femme. Il est vrai que ce point était souvent l'objet d'abus. Les phrases comme « le pouvoir abusif est "causé" par la soumission » ou « il n'y pas d'abuseur s'il n'y a pas d'abusées acceptant de l'être » sont des dérapages venant d'une application simpliste et réductionniste d'une construction mentale ne tenant pas compte des conséquences et des contextes, de la complexité des conditions de vie des abusées, des responsabilités des mères avec enfants, et du contexte social qui n'apporte aucun support aux abusées. D'ailleurs, parler de causalité linéaire, même interactionnelle, s'oppose à la vision systémique. Les textes de Rachel Hare-Mustin, Deborah Anna Luepnitz, Judith Avis, Cecyl Rampage, Marianne Walters, Peggy Papp, et Olga Silverstein montrent une analyse systémique ouverte et critique.

Applications à l'intervention

Le développement de la cybernétique de second ordre et les recherches de Maturana et Varela sur la perception visuelle et les mécanismes de la perception amenèrent Heinz Von Foerster à adopter la position philosophique de Ernst Von Glasersfeld et d'autres philosophes et à l'appliquer aux mécanismes de la construction par le cerveau d'une réalité à partir des informations venant de la réalité extérieure (Watzlawick (dir.), 1988 et 1980). La réalité extérieure ne peut être perçue de façon complète parce que le cerveau ne perçoit que ce qu'il est capable de faire, en raison de ses limites physiques: ce que nous voyons n'existe pas en tant que tel mais dépend de notre organisation sensorielle. De même, la personne donne un sens à ce qu'elle perçoit, perception déjà incomplète, à partir de ses expériences antérieures. C'est pourquoi la réalité d'une famille n'est pas la même pour l'observateur et pour les membres de la famille; et elle n'est pas la même pour chaque membre.

La première implication pour l'intervention fut le développement du *constructivisme*. Dans cette approche, la réalité qui importe pour les décisions est la construction faite par le cerveau, la réalité *inventée* par lui. Ce qui est important ce ne sont plus les faits et les comportements, même interactionnels, mais la perception, la signification et les croyances qui donnent un sens aux faits. Il est donc plus important de connaître la construction personnelle et systémique que de connaître les faits extérieurs — que le système observateur ne peut d'ailleurs pas plus connaître objectivement que le système observé. L'action efficace en vue du changement se fonde sur la construction ensemble d'une réalité susceptible de changement. Tout devient possible pour amener un changement.

Mais de nombreuses critiques s'élevèrent, surtout face aux positions radicales de certains relativistes, pour qui tout devient « normal », et qui refusent de considérer la valeur éthique et la pondération des faits. Le bon sens peut ici servir de frein à ces constructions intellectuelles extrêmes, en considérant les faits objectifs dans leur contexte et du point de vue de leurs conséquences externes, non seulement subjectives et internes; par exemple, la violence comme affirmation de soi et de ses droits n'en demeure pas moins destructrice.

Une perception différente de la construction de la réalité se développa, surtout dans les milieux anglo-saxons (Ausloos, 1998), à partir de Kenneth Gergen, de Michael White et de l'influence de Michel Foucault: le *constructionnisme social*. Les différences avec le constructivisme sont importantes: la construction de la réalité se fait non pas dans les mécanismes internes et biologiques de la perception, mais dans les relations sociales, sous l'influence du discours social dominant. Si, pour le constructivisme, la construction du monde se situe à l'intérieur de l'esprit de l'observateur, pour le constructionnisme social la construction du monde se situe à l'intérieur des différentes formes de relation. Le langage, les valeurs sociales et l'interdépendance, voire la dépendance face aux pouvoirs dominants, sont les facteurs importants. Ausloos (1998) fait remarquer que l'aspect politique peut avoir été faussé par une compréhension erronée de concepts philosophiques, en raison des différences entre les contextes culturels où les concepts ont été formulés, et ceux où ils sont appliqués.

En intervention, le constructionnisme social a donné naissance à l'*approche narrative*, selon laquelle, sans idées préconçues, le thérapeute écoute la narration faite par le système-client de sa situation, de son évolution; il laisse émerger des hypothèses, qu'il partage; et, sous la direction du thérapeute, dans une conversation et non dans une entrevue formelle, le client développe une perception nouvelle de l'influence de son environnement, réorganise la narration de sa situation et de soi d'une façon nouvelle, et construit dans la relation une réalité ouverte au changement. Rien n'est imposé, tout se construit ensemble.

Cet aspect de la non-imposition par le thérapeute de ses valeurs, de ses normes et de ses connaissances est spécialement important ici. Il a amené des auteurs systémiques importants, dont Harold Goolishian, Harlene Anderson, Lynn Hoffman, à refuser de continuer dans l'approche systémique, vue comme « une ingénierie fondée sur le contrôle ». Pour eux, le thérapeute qui utilise son pouvoir pour diriger, organiser des stratégies et intervenir directement par des directives ou indirectement par des paradoxes, est pris dans *son* programme et ne peut rejoindre l'autre ; il domine le client et met des limites aux possibilités et au pouvoir de ce dernier ; il accorde trop d'importance aux techniques, au détriment de la relation, du partage et de la co-évolution. Ils proposent donc la collaboration, la non-intervention dans l'échange, l'approche qui ne sait pas (*not-knowing*) pour ne pas limiter les possibilités. Ils proposent la déconstruction des problèmes au lieu de leur résolution. Il est intéressant de lire les groupes d'articles sur le sujet parus dans *Family Process* durant les années 1988-1993. Goolishian et Anderson (1992) résument bien l'historique de la controverse et font ressortir les différentes épistémologies.

Ces aspects ont été repris, de façon moins radicale apparemment, par d'autres équipes, qui joignent le courant initié par l'équipe de Watzlawick et Milton Erickson, dans la recherche d'une intervention brève orientée vers la solution du problème présenté, au lieu de chercher *le* problème sous-jacent, et ce, en partant des clients, de ce qu'ils veulent et de ce qui leur convient. Le groupe le plus connu fut dirigé par Steve De Shazer, au Brief Family Therapy Center, à Milwaukee. Il appliqua la théorie des systèmes de façon rigoureuse et innovatrice sur plusieurs points. Dès le début, il travailla en coopération avec le système-client : puisque les recherches indiquaient que la plupart des familles continuaient les changements après la fin de l'intervention, celles-ci devaient avoir les capacités de changer, une fois le changement initié. Il continua en affirmant que l'idée classique d'une résistance au changement ne tenait pas. Ce qui était appelé résistance était une façon du client de demander à l'intervenant de s'y prendre autrement pour qu'il puisse utiliser ses capacités. Enfin, il utilisa le fait qu'il est plus facile de faire répéter ce qui est déjà connu que de changer les comportements.

Il nomma son approche *approche centrée sur les solutions* (Berg, 1996). Il développa des moyens d'amener le client à découvrir lui-même les objectifs qu'il sait, consciemment ou non, être assez significatifs et valables pour lui-même, et qui lui semblent accessibles avec ses capacités actuelles. Il proposa des techniques comme la question miracle et la question d'échelle. Il s'agit d'un changement paradigmatique dans la définition du changement et des responsabilités : le mouvement part du désir du client, c'est lui qui établit les objectifs valables et accessibles pour lui, et le travail du thérapeute consiste à l'encadrer et le supporter dans son travail.

William O'Hanlon continua dans la même approche orientée vers les solutions. Il ajouta plus d'importance à la reconnaissance de la valeur de ce que le client avait vécu, à la recherche de ses succès passés, pour sortir de ce qu'il appelle la carte des problèmes, connaître la carte des succès, et entrer dans la carte des possibles (O'Hanlon et Beadle, 1997; O'Hanlon et Weiner-Davis, 1995).

L'influence de Virginia Satir est demeurée importante et a donné naissance à de nombreux regroupements. Steve Andreas (1991) et son équipe firent une synthèse de ses enseignements avec la Programmation neuro-linguistique. Ils développèrent des modalités d'intervention pour rejoindre dans les familles et les personnes les éléments qui sont prêts au changement mais qui ne peuvent le laisser paraître, en raison de l'action défensive des éléments personnels et familiaux craignant le changement. Ils rejoignent souvent l'action paradoxale de l'intervention stratégique, d'une façon douce et ouvertement positive.

Parallèlement à ces approches, et avec une base semblable, plusieurs groupes développèrent l'approche systémique des institutions et de leurs interventions, en continuant les travaux de Onnis, Benoit, et Pluymaekers, entre autres. Plusieurs étaient très critiques face aux institutions, à la suite de Minuchin qui dit qu'elles ont été la source de ses plus grandes frustrations, à cause de « l'arrogance aveugle des services qui détruisent en voulant "protéger", et qui reviennent avec facilité au confort des vieilles routines » (Minuchin et Nichols, 1993, p. 34).

Aux États-Unis, J. V. Compher (1990) démontra, comme l'avait fait déjà Jean-Claude Benoit, que souvent les organismes d'aide qui doivent réaliser un travail en commun « dansent » autour de leurs clients ou patients, en se préoccupant plus de la protection de leurs intérêts face aux autres organismes que de l'action à réaliser.

D'autres groupes développèrent une approche moins radicale et cherchèrent à mieux connaître le fonctionnement systémique des organismes pour améliorer les services. La Fondation pour la recherche en approche systémique (la FRAS), en collaboration avec des équipes européennes, tient à Montréal depuis 1993 des journées d'étude sur les applications de l'approche systémique aux institutions; les sujets étudiés sont les patients ou clients, les référents, les membres de l'équipe intervenante, les administrateurs et le contexte social. Les membres du Groupe d'étude des systèmes humains, tels Pierre Asselin, Robert Pauzé et Linda Roy, en collaboration avec Mony Elkaïm et plusieurs organismes européens, développent l'intervention systémique institutionnelle en lien avec l'approche de réseaux. Ils ont publié d'excellents articles appliquant leur approche à diverses problématiques comme la toxicomanie. En France et en Belgique, de nombreuses équipes approfondissent cette analyse institutionnelle.

En France, des équipes d'éducateurs ont développé une méthode d'entretiens non thérapeutiques, où les jeunes, leurs parents et l'équipe se rencontrent mensuellement pour discuter ensemble, sans supérieurs ni inférieurs, de l'évolution des jeunes et des moyens à prendre pour l'améliorer.

Enfin, à Genève, Olivier Amiguet et Claude Julier (1996) ont publié une application intéressante de la systémique à l'étude de l'intervention, particulièrement à l'analyse des facteurs qui jouent lors de la demande et de l'offre de services.

Ces approches ont une base commune : la cybernétique de second ordre, la reconnaissance de la compétence des familles, la construction ensemble d'une solution ou d'un développement, dans des échanges entre deux groupes de compétences : celles du client et celles du thérapeute. Le système observé n'est pas un objet à manipuler, mais un sujet de plein droit dont l'activité et la participation sont nécessaires dans la réalisation du nouveau système et l'atteinte de l'objectif. Le changement repose sur le travail commun.

La hiérarchie dans le système n'est pas niée, mais est ainsi reconnue la coexistence de deux hiérarchies différentes — ou plus —, fondées sur des pouvoirs et des positions complémentaires : le savoir du système-thérapeute, qui a des connaissances et des compétences que le système-client n'a pas, et le savoir du système-client, qui a des connaissances et des compétences que le système-thérapeute n'a pas ; et le pouvoir que le système-client a seul sur ses décisions de changement — Malarewicz disait qu'il est illusoire de penser pouvoir gérer le client. Depuis plus de vingt ans, Ausloos maintient son attention à la compétence des familles, et non à la pathologie. Il rappelle qu'on utilise encore actuellement avec les familles des concepts développés voilà trente ans et plus pour étudier des familles ayant un membre schizophrène (Ausloos, 1994). Marianne Walters remarquait que dans la formation à l'intervention systémique, il y a trop de médical — dans le sens de recherche de la maladie, alors qu'il s'agit de comportements de la vie quotidienne.

Ces préoccupations épistémologiques rejoignent une préoccupation éthique de plus en plus grande, fondée non seulement sur la déontologie professionnelle, mais sur l'épistémologie de l'intervention. Pour les tenants du constructionnisme social, l'éthique requiert la participation, en raison de l'influence exercée par le thérapeute. Ils reprennent Nagy, qui postule que toute relation se base sur l'éthique, qui elle-même repose sur l'équité entre les participants à la relation et sur la contribution de chacun au bien-être de l'autre. Il va plus loin en disant que cela dépasse les standards sociaux et professionnels, mais comprend la mutualité, la confiance, la responsabilité et l'autonomie. Cela implique même que le patient et la famille puissent choisir leur thérapeute et l'approche utilisée (Cabié et Isebaert, 1997). D'après la cybernétique de second ordre, cela exige de ne pas laisser croire que nous avons accès à *la Vérité*, de ne pas pathologiser les situations et de ne pas insister plus sur une maladie ou un problème que sur les capacités et les intentions positives. Cette position correspond d'ailleurs à ce que demandait Françoise Dolto à propos des enfants : qu'on leur parle comme à des personnes capables de comprendre et de décider. Von Foerster soulignait que « l'autonomie implique la responsabilité », alors que notre société développe l'hétéronomie : « quelqu'un d'autre est responsable de mes actes ». Il conclut que l'éthique exige, pour les thérapeutes comme pour tout être humain, de « toujours agir de façon à augmenter le nombre de choix possibles », donc de ne pas imposer une action ou une ligne de pensée (Watzlawick (dir.), 1984, p. 59-60). Suzanne Lamarre reprend les mêmes points, de façon concrète et opérationnelle (1998a).

On constate donc que deux groupes de systémiciens thérapeutes appliquent de façons différentes la cybernétique de second ordre. Le premier groupe vise la neutralité et axe son action principalement sur le processus des échanges et la perception des significations, avec une manipulation des échanges. Le second groupe utilise ouvertement ses valeurs, ses résonances, dans un rapprochement et une collaboration active. Il dit pouvoir maintenir une distance émotionnelle suffisante pour avoir sa marge de manœuvre. Les membres de ce groupe ne se rattachent pas tous au constructionnisme social, mais ils utilisent la systémique pour sortir du mode technique opératoire actuel, pour développer, à partir de ce qu'ils sont, un modèle, des théories et aussi une pensée et une sagesse.

* * *

Ce bref relevé ne peut malheureusement mentionner de nombreux auteurs et équipes de haute qualité. Il permet néanmoins de constater que la période étudiée a été riche en innovations, en défis et aussi en débats vigoureux. De nombreux centres organisent régulièrement des congrès et des colloques en Amérique et en Europe, qui sont des incubateurs d'idées. Ainsi, la FRAS organisa à Québec en 1993, en collaboration avec la revue *Thérapie familiale* de Genève, un congrès sur le thème « Chaos et Complexité. L'approche systémique des problèmes de santé ». En 1997, l'Institut d'études de la famille et des systèmes humains de Bruxelles tint un congrès sur le constructionnisme social, les résonances et le postmodernisme. Les nombreuses revues systémiques débordent d'études théoriques et méthodologiques. En même temps, on constate un retour aux sources, comme en témoigne dans les pays francophones la réimpression des traductions des premiers auteurs américains.

Comment procéder dans cette prolifération de possibilités ? La réponse est donnée par Bateson : « La rigueur isolée est mort paralytique, l'imagination isolée est insanité. » C'est en maintenant l'évaluation de ce qui est offert. Les différences dans les orientations possibles sont fondées ; les oppositions peuvent en découler, et les complémentarités également, ce qui rend possible des collaborations dans une évolution cohérente. De nouveaux concepts ou de nouvelles applications des concepts, ainsi que l'enrichissement venant des autres théories, ouvrent des voies nouvelles. Les premières équipes qui ont développé les applications de la théorie des systèmes étaient multidisciplinaires, enrichies par les connaissances et les expériences diversifiées de leurs membres provenant de plusieurs lieux de travail et de recherche. Peut-être devrons-nous solliciter l'apport de disciplines loin de la thérapie, comme au début. De tels échanges sont facilités actuellement par la mondialisation des échanges et par Internet. Qu'arrivera-t-il quand nous entrerons en contact avec la pensée systémique des chercheurs africains et asiatiques ? Déjà, De Shazer dit avoir été influencé par les idées taoïstes et bouddhistes, grâce à sa compagne Insoo Kim Berg. Le progrès est venu de la recherche, de l'acceptation de la complexité et de l'évolution, et de la confiance dans les capacités et les forces des systèmes, et il se poursuivra de la même façon. Pour la suite, en ce nouveau millénaire, suivant la pensée de Minuchin et les propos de De Shazer et Howood (cités dans Elkaïm (dir.), 1995, p. 555), nous continuerons « d'ici à là, vers on ne sait où ».

La systémique pour les nuls

Questionnement circulaire, recadrage et prescription de tâches

Dr Jean Parratte

J'ai commencé la thérapie familiale avec des connaissances théoriques minimes, en compagnie de cothérapeutes en formation à l'école de Rome, réputée pour ses techniques provocatrices.

Le malaise que je ressentais à l'époque devait être similaire à celui que pouvaient vivre les membres des familles auprès desquelles nous intervenions : je ne comprenais en effet rien à ce qui se passait. Je me demandais si les cothérapeutes se moquaient de moi et, à chaque nouvelle séance, je me préparais à quitter ce monde de fous pour revenir à des approches plus conventionnelles. Si je me suis accroché à un modèle thérapeutique aussi saugrenu de prime abord, c'est probablement parce que nous obtenions des résultats. Au fil des années de formation et de pratique, mon scepticisme a fini par disparaître et j'ai osé m'afficher comme systémicien au sein d'une communauté médicale plus que réticente à l'égard de ce modèle.

En écrivant ce chapitre sur les techniques de base de l'approche systémique, j'ai d'abord cherché à mettre un peu d'ordre dans mes idées et à faire le tour des techniques que j'utilise le plus. En effet, il en est de la systémique comme des autres psychothérapies : il est rare que l'on sache exactement ce que l'on fait et l'on se sert, presque à notre insu, de techniques maintes fois expérimentées. Cette sorte d'automatisme dans la lecture des problèmes et dans nos modes d'intervention contribue en partie à l'intuition dont on parle ailleurs.

Je ne sais pas si les « nuls » en systémique doivent en premier lieu apprendre la technique pour ensuite l'expérimenter ou se jeter à l'eau pour prendre, çà et là, les outils dont ils ont besoin. Dans l'un ou l'autre cas, ils doivent avant tout développer une vision large, de type circulaire. Cette façon nouvelle de lire la réalité, autrement dit ce saut épistémologique, se fera de manière chaotique. Il y aura des moments où l'on croit enfin maîtriser les interactions qui s'offrent à nous, des moments où l'on a l'impression d'être tout juste capable de brouiller les cartes du jeu familial sans parvenir à la définition de nouvelles règles, des moments magiques aussi où tout change et des moments enfin où l'on se dit que rien ne vaut une bonne dose de médicaments ou une thérapie comportementale rationnelle.

Le questionnement circulaire, le recadrage et la prescription de tâches sont des outils indispensables pour « faire » de l'approche systémique. Toutefois, les néophytes à qui ce texte est destiné ne seront convaincus de leur utilité qu'à force de les essayer auprès des clients, pour vérifier ainsi leur efficacité. Bien entendu, cet apprentissage sera d'autant plus aisé qu'il s'intégrera dans un processus de supervision et de partage au sein d'une équipe.

Le questionnement circulaire

L'approche systémique, comme la plupart des thérapies, utilise la méthode socratique qui consiste à poser des questions plutôt qu'à affirmer. Le questionnement permet, en effet, *d'obtenir des informations et de modifier la perspective des problèmes tout en impliquant activement l'interlocuteur.* De plus, contrairement aux commentaires de type affirmatif qui imposent l'opinion du thérapeute, il présente l'avantage de bousculer en douceur le patient, sans le confronter directement. Les cognitivistes comme Aaron Beck ont recours à quatre types de questions dont le systémicien peut s'inspirer : « Est-ce bien vrai ? Sur quoi vous basez-vous pour dire une telle chose ? Quelles sont les conséquences du problème ? Peut-on voir cela autrement ? » L'approche systémique va toutefois au-delà de ces questions de base en appliquant la méthode socratique aux relations interpersonnelles.

Ses objectifs

Le questionnement systémique est spécifique dans la mesure où *il élargit la vision des problèmes en se concentrant sur les interactions et le contexte de survenue des troubles.*

La première tâche du thérapeute est ainsi de complexifier la situation pour mettre en valeur les détails relationnels qui échappent à la construction de ses interlocuteurs: « Qui est impliqué dans la situation ? Quelles sont les circonstances d'apparition du problème ? À quel moment disparaît-il ? En quoi les rôles ont-ils changé ? »

L'essence de ce questionnement est le principe de causalité circulaire largement décrit dans ce livre. En vertu de celui-ci, le systémicien cherche à voir les protagonistes ensemble et autrement. Ainsi détaché de la vision linéaire qui conduit à désigner des coupables, il s'attarde aux relations et aux rétroactions qui précipitent ou perpétuent le problème. S'il lui arrive, dans les premiers entretiens, de poser des questions linéaires du type: « Depuis quand êtes-vous malade ? » et « Quel est votre traitement ? », très vite il mettra en place un processus de circularisation en faisant participer les gens concernés et en les mettant en relation. Il voit ainsi leur problème différemment et propose un modèle de thérapie qui modifie leur propre vision. Ce processus vise trois objectifs:

La participation et la mise en relation des personnes concernées

Les thérapeutes débutants sont mal à l'aise face aux groupes, car ils ont peur de ne pas maîtriser l'entretien. Ceci les conduit à privilégier les entretiens individuels sous des prétextes divers, se privant ainsi d'indispensables informations relationnelles. S'ils veulent voir « plus large », la première difficulté réside dans la façon d'inviter l'entourage. Le plus simple est de confier au patient désigné le soin de sélectionner et de convoquer les sujets concernés. En plaçant le patient dans la position de régulateur des entretiens familiaux, le thérapeute ne multiplie pas les appels téléphoniques et ne court pas le risque d'être piégé dans des alliances et des secrets qui bloquent le processus thérapeutique.

En séance, la participation de chacun est assurée, soit par des questions globales du type: « Quelqu'un peut-il me dire en quoi consiste le problème ? », soit par des questions adressées aux participants à tour de rôle du genre: « Quel est, selon vous, le problème ? »

Dans cette deuxième éventualité, j'ai l'habitude d'interroger le patient désigné en dernier pour ne pas lui accorder une place trop centrale et ne pas accentuer son sentiment d'être la cause des problèmes familiaux. À l'inverse, si quelqu'un est en retrait, je m'adresserai à lui en priorité, ne serait-ce qu'à cause de son apparent détachement qui me dérange.

Bien que le thérapeute assume la conduite de l'entretien, il ne doit pas trop intervenir. Certes, il peut inciter à parler celui qui reste muet, interrompre celui qui parle trop et soutenir celui qui est anxieux. Toutefois, son rôle principal est de favoriser les interactions entre les participants, dans le but d'observer la dynamique du groupe. Pour ce faire, il n'hésitera pas à laisser les gens échanger entre eux, en séance. Cette technique doit être par contre abandonnée, si les interactions négatives envahissent l'entretien. Dans ce cas, le thérapeute interrompt les discussions en rappelant la règle du respect d'autrui qu'il aura imposée au début des séances. Si les échanges verbaux sont violents, il peut rencontrer les personnes individuellement.

La recherche d'informations pertinentes

L'attitude du thérapeute ressemble à certains égards à celle d'un détective. Il est à l'affût d'indices — du plus insignifiant au plus flagrant — concernant le problème et se révélant lors des interactions, éléments dont les clients n'ont pas conscience. Les informations sur les facteurs précipitants, les changements de rôle, les perceptions différentes de la maladie et des soins sont utiles à l'intervenant, mais avant tout à ceux qui le consultent. C'est en ce sens qu'elles deviennent des informations pertinentes. Chaque fois que les participants répètent ce qu'ils savent déjà, ils ne font que du « bruit » (au sens informatique du terme). Il en est ainsi quand chacun expose sa théorie du problème (« C'est la faute des parents. » ; « Ma femme est trop jalouse. ») ou répète inlassablement les mêmes plaintes. Les gens font alors du bruit tout comme certains voyageurs font du bruit dans le train qui les ramène chez eux après le travail alors qu'ils étalent leurs problèmes professionnels (« Il m'a dit que... et je lui ai dit que... »). Cette absence de dialogue qu'on observe dans les trains de banlieue ou dans le métro m'a toujours fasciné. Chacun se parle à lui-même et, s'il attend une réponse d'autrui, c'est afin d'avoir la confirmation de la justesse de son point de vue.

Or, la thérapie n'est pas un dialogue de gare, et le bruit doit céder la place à l'information qui surprend et déstabilise. La bonne séance est celle au cours de laquelle les clients amènent un matériel que je découvre et transforme pour qu'ils repartent avec une perspective différente de la situation évoquée. Comme l'explique Guy Ausloos, l'information pertinente est celle qui vient du système pour retourner au système (Ausloos, 1995, p. 30).

L'introduction du modèle systémique

En posant ses questions souvent bizarres ou inhabituelles, le thérapeute cherche à modifier la perspective des clients et à les sensibiliser à son modèle interactionnel. Ces derniers reçoivent des suggestions indirectes dans le sens d'une conceptualisation circulaire de la réalité, sans que leur modèle déterministe linéaire ne soit attaqué. Il faut donc être à la fois crédible et surprenant, mais ce processus est souvent pénible car les patients défendent leurs constructions cartésiennes. Ainsi, l'entretien réussi est rarement celui où chacun est satisfait ou pour le moins rassuré et les participants repartent souvent avec des doutes plutôt que des certitudes.

Le questionnement circulaire représente la forme la plus structurée du questionnement systémique. Il est difficile à utiliser parce qu'il implique un changement conceptuel majeur chez le néophyte, nécessite de l'entraînement et ne répond tout simplement pas aux normes sociales de la conversation. Comment ne pas hésiter lorsqu'il faut demander aux membres d'un groupe de répondre à la place des autres, de faire du commérage sur l'attitude d'un tiers présent dans l'entretien ou de classer chacun selon leur degré de souffrance ? Le systémicien a la fâcheuse tendance à ne pas être poli ou, crime encore plus grave, à ne pas correspondre à l'image traditionnelle du psychothérapeute. Ce n'est pas pour rien que Carl Whitaker avertissait d'emblée ses clients qu'il avait l'air sympathique mais qu'il pourrait se montrer méchant. Le *savoir être* l'emportera ici sur le *savoir faire* afin de ne pas être perçu comme un fou ou un grossier personnage. Une « attitude de participation sereine, d'étonnement, de respect et de responsabilité » (Keeney, 1983, cité par Seywert, 1993, p. 8) doit transparaître chez le soignant afin qu'il soit crédible. C'est ce que Bradford Keeney appelle une « position esthétique ». Cette attitude lève rapidement le doute chez les patients qui la préfèrent à celle de l'expert orienté vers le contrôle qui se situe à l'extérieur du système et donne des directives normatives.

Ses principes

C'est l'école de Milan qui, dans un article resté célèbre, énonce en 1983 les principes du questionnement circulaire (Selvini Palazzoli *et al.*, 1983, p. 117-132). Mara Selvini Palazzoli et ses collaborateurs de l'époque ont mis au point un processus de circularisation à trois niveaux :

— une méthode circulaire d'évaluation (hypothétisation) ;
— une version circulaire de la position du thérapeute (neutralité) ;
— une approche circulaire de l'entretien (questionnement circulaire).

D'autres auteurs feront des descriptions détaillées de la technique du questionnement circulaire, en particulier Peggy Penn de l'Institut Ackerman de New York (Penn, 1982, p. 267-280), Karl Tomm de Calgary (Tomm, 1985) et Ferdinand Seywert de Lausanne (Seywert, 1993). Il est intéressant de les lire pour découvrir toutes les subtilités de cette technique.

Le questionnement circulaire consiste fondamentalement à *faire décrire par un participant le comportement d'un tiers, en termes de différences et de changements.*

L'interlocuteur est ainsi placé dans une position qui le situe, autant que possible, en dehors du système. Le premier bénéfice de cette technique est que, souvent pour la première fois, les membres d'une famille ou d'un groupe ont l'occasion de connaître la perception d'autres membres sur le fonctionnement du système concerné. Ils ont l'occasion de se voir interagir et de s'en parler, ce qui constitue d'emblée un changement majeur. Parallèlement, thérapeutes et clients assistent à la transformation d'un magma en un groupe structuré et différencié.

En effet, les questions mettent en valeur les différences et les changements dans les attitudes des acteurs. On s'intéressera aux différences de comportement entre individus et entre sous-systèmes et à un degré moindre aux points de vue ou aux sentiments. Les questions sur le changement concerneront les variations de comportement avant ou après un événement.

Si l'on s'attarde sur le principe de Gregory Bateson selon lequel « une information est une différence qui créée la différence » (cité dans Benoit, Malarewicz *et al.*, 1988, p. 118), on comprend que les questions circulaires permettent de transformer les données en informations.

Les questions portant sur les différences

Comme nous l'avons souligné, l'intervenant s'intéresse en priorité aux différences entre les comportements afin de se concentrer sur le processus (les interactions) plutôt que sur le contenu (l'objet des conflits, les sentiments). Néanmoins, certaines questions peuvent s'adresser au vécu des participants et à leurs pensées (en particulier à leurs théories sur l'origine des problèmes). En effet, l'important n'est pas la véracité des réponses mais les distinctions qu'elles font apparaître entre les individus. On voit ainsi se profiler les alliances, la distribution des rôles ou les jeux sans fin.

Les questions portant sur les différences forment trois catégories: les comparaisons, les classifications et les commérages.

Les comparaisons

Les questions types sont les suivantes: « Que fait votre conjoint lorsque les enfants se disputent ? » ; « Comment réagit papa quand maman pleure ? » On demande ici de décrire un comportement spécifique dans une situation particulière. Si on laisse libre cours à sa curiosité, les réponses apportent de nouvelles questions détaillant la séquence interactive. En voici un exemple à propos d'une histoire de grands-parents qui s'ingèrent dans l'éducation de leurs petits-enfants. Question: « Comment vos parents font-ils preuve d'intrusion ? » Réponse: « Ils interviennent dans l'éducation des enfants. » Question: « Comment interviennent-ils ? » Réponse: « Ils minimisent la faute des enfants chaque fois que je vais les punir. » Question: « Qui intervient le plus, le grand-père ou la grand-mère ? » Réponse: « La grand-mère. »

Ce genre de questions est particulièrement utile quand on veut détailler le processus d'un conflit: qui a commencé la dispute ? comment l'autre a-t-il réagi ? qui s'est interposé ? comment tout s'est-il terminé ? On met ainsi rapidement en valeur les stratégies de chacun: « lutte » pour imposer son propre point de vue, « paralysie » au cours de laquelle le sujet se soumet et diminue ses attentes, « fuite » lorsqu'il échappe au combat (isolement, refuge dans l'alcool, éloignement du foyer).

Les classifications

Bien qu'elles apparaissent plus étranges, les classifications viennent rapidement à l'esprit du thérapeute comme le montre l'exemple des grands-parents ne respectant pas les barrières générationnelles. Elles s'expriment en termes de « plus ou moins » (« Qui est le plus proche du patient ? Qui est le moins concerné par le problème ? ») ou en termes de classement proprement dit (« Quant aux trois enfants ici présents, pourriez-vous me dire dans quel ordre ils quitteront la maison ? »).

Les commérages

Le commérage est, pour les clients, encore plus surprenant que les classifications car il consiste à faire ce dont la plupart des gens raffolent (faire des commentaires sur les autres), mais cela sans huis clos, devant la personne concernée. En d'autres termes, deux personnes (dont le thérapeute, le plus souvent) discutent ouvertement du comportement d'un tiers. Ce genre d'insolence est très efficace pour dégeler l'atmosphère, faire bouger les introvertis de toutes sortes et avant tout offrir un miroir aux observateurs et à la personne concernée. Le respect d'autrui dont il a été fait mention plus haut est ici particulièrement important. Une condition essentielle consiste à ne pas porter de jugement sur la valeur personnelle des gens (« Il agit comme un idiot. »), et à ne faire de commentaires que sur les attitudes.

Voici un exemple de commérage mettant en scène un couple dont la femme est déprimée, alors que celle-ci affiche un comportement détaché, faussement dépressif lorsque thérapeute et mari s'épuisent à chercher des solutions au problème présenté. Le thérapeute : « Votre femme prend-elle souvent cette attitude boudeuse ? » Le mari : « Chaque fois que je cherche à la stimuler. » Le thérapeute : « Comment faites-vous pour la consoler habituellement ? » Le mari : « Je la prends dans mes bras et je lui dis que je l'aime. » Le thérapeute : « Est-ce que vous lui dites aussi que vous l'aimez quand elle ne boude pas ? »

Je fais du commérage à petites doses et plus précisément quand je suis agacé par le comportement passif d'un individu. Bien que ma réaction puisse provenir d'une exaspération, je laisse autant que possible mes sentiments de côté pour mettre en avant les jeux relationnels et faire avancer la thérapie. De façon formelle, le commérage semble indiqué quand un membre ne participe pas et dans les familles présentant de graves troubles de la communication. Dans ce dernier cadre, il permet par exemple de déborder les rationalisations ou de pousser à l'absurde les communications indirectes.

Les questions portant sur le changement

Ces questions servent à décrire les variations de comportement dans le temps. Ces variations sont de deux types :

Les variations par rapport au passé

Les questions tournent autour des facteurs précipitants, tout en cherchant à éviter les théorisations sur l'origine des troubles.

Voici quelques exemples : « Est-ce qu'il y a une époque à laquelle vous n'aviez pas ce genre de conflits ? » ; « Avant la maladie, qui s'occupait des finances et des courses ? » ; « Depuis qu'il est au chômage, quel est le comportement de votre père ? » ; « Depuis le chômage de votre père, qu'est-ce qui a changé dans le comportement de votre frère ? » ; « Pensez-vous qu'il agirait différemment si votre père n'était pas tout le temps à la maison ? »

Ces questions ont quelque chose de subjectif et pourraient donner l'impression que l'intervenant énonce, par leur intermédiaire, sa théorie sur l'origine des troubles. Leur but est en fait d'établir des corrélations entre comportements et contexte afin que s'ébauchent des solutions, comme le montre l'exemple suivant. Le thérapeute : « Lors de la première séparation, vous n'avez pas fait de tentative de suicide ; comment se fait-il que la situation était moins douloureuse ? » La patiente : « J'avais ma mère qui m'appelait tous les jours et j'avais à m'occuper de mon enfant. » Le thérapeute : « Qui pourrait remplacer votre mère et votre enfant ? »

Les variations par rapport à l'avenir

Ces questions cherchent à induire un processus de changement en imaginant des solutions ou un futur dénué de problèmes. Par exemple : « Quand votre mère fait manger Louise, que se passerait-il si votre père quittait la pièce ? » ; « Si votre père reprend le travail, qui l'encouragera le plus et comment ? » ; « Était-il encouragé de cette façon, lorsqu'il travaillait ? »

Les questions sur le changement préfigurent les thérapies centrées sur les solutions avec leur recherche d'exceptions au problème (questions sur le passé) et leurs questions miracles (questions sur l'avenir). Ces techniques déroutantes par leur simplicité méritent qu'on s'y attarde. William O'Hanlon et Michele Weiner-Davis en font des descriptions précises, très utiles pour la pratique, dans leur livre intitulé *L'orientation vers les solutions : une approche nouvelle en psychothérapie* (1995). Ceux qui aimeraient connaître l'histoire de ce mouvement (les influences de l'école de Palo Alto et de Milton Erickson) ou les recherches montrant l'efficacité des techniques préconisées, ont intérêt à lire les textes du maître en la matière : Steve De Shazer (1988), ou, en français, Marie-Christine Cabié et Luc Isebaert (1997).

Dans l'esprit de l'école de Milan, les questions circulaires avaient un but exploratoire et stratégique (favoriser l'acceptation de l'approche systémique). On perçoit mieux désormais leur potentiel thérapeutique, car en introduisant de nouveaux points de vue, elles préparent le terrain pour de nouveaux comportements. Ce sont les recadrages et les prescriptions de tâches qui accéléreront ce processus. Comme le souligne Gian Franco Cecchin (1987, p. 405-413), le questionnement circulaire ne prétend pas mettre au jour des vérités. Il doit être avant tout utile. En ce sens, le psychothérapeute doit laisser libre cours à sa curiosité.

Enfin, il ne faut pas perdre de vue que la forme la plus subtile du questionnement est celle du thérapeute sur lui-même. Celui-ci influence la famille, voit ce qu'il veut bien voir, influencé par les participants et les résonances avec son propre passé. Cet autre type de circularité montre bien qu'il n'existe pas de vérité, mais des constructions du réel. L'école de pensée constructiviste développée dans le champ de la thérapie familiale par Paul Watzlawick soutient en effet que la réalité sur laquelle se fonde une connaissance ne préexiste pas à l'observateur ; elle est construite par celui-ci (Watzlawick (dir.), 1988).

De ce fait, lorsqu'on observe une famille, il faut tenir compte des modifications induites par la présence du thérapeute. La famille ne se comporte pas devant le thérapeute comme elle se comporterait à la maison et les interactions en séance ne caractérisent pas la réalité de la famille. En poussant à l'extrême ce type de raisonnement les adeptes du courant narratif voient la thérapie comme un processus de déconstruction (Gilligan et Price, 1993). Le patient raconte au thérapeute une histoire (sa vision du problème) que le thérapeute va modifier pour en construire une nouvelle qui sera le fruit de la collaboration créatrice des deux protagonistes. Peu importe la réalité (la source réelle des problèmes, la bonne version de l'histoire), l'important est d'induire un processus de changement. À travers ce jeu de modification du scénario apporté par le client, le courant narratif propose ainsi une utilisation raffinée du deuxième outil essentiel de l'approche systémique : le recadrage.

Le recadrage

En termes simples, le recadrage consiste en un *commentaire qui modifie l'angle sous lequel on voit une situation.* Le soignant fait comme le cinéaste qui élargit ou rétrécit le champ de son objectif pour mettre en valeur les aspects importants d'une scène. Peu intimiste de nature, le systémicien privilégie toutefois le « grand angle », utilisant son objectif comme un « macroscope » — pour reprendre l'expression consacrée par Joël de Rosnay (1977).

Paul Watzlawick est l'un de ceux qui a le mieux décrit le recadrage. La définition qu'il en donne est un classique : le recadrage permet de « modifier le contexte conceptuel et/ou émotionnel d'une situation ou le point de vue selon lequel elle est vécue », en les plaçant dans un autre cadre (Watzlawick, Weakland et Fisch, 1981, p. 116). L'exemple qui suit permet d'illustrer la technique du recadrage ainsi que ses écueils possibles.

L'histoire du bébé et de la princesse

Madame B m'avait été adressée par la psychologue qui la suivait en thérapie individuelle pour dépression associée à un problème d'anorexie. La dépression était apparue à la suite d'un échec professionnel et d'une rupture sentimentale. Malgré la diminution des symptômes dépressifs grâce au traitement antidépresseur prescrit par un médecin, la psychologue considérait que la thérapie s'enlisait à cause de l'attitude surprotectrice de la famille. La patiente présentait une anorexie persistante associée à une attitude dépendante à l'égard de ses parents. Elle avait régressé au point qu'elle ne se nourrissait que des plats préparés par sa mère et apportés à son domicile par son père. Ses frères et sœurs répondaient à tous ses besoins d'ordre médical, l'accompagnant sans cesse aux urgences et chez les spécialistes pour trouver une cause organique à son manque d'appétit. La famille fut donc convoquée.

À ma grande surprise, ce n'est pas une petite famille nucléaire qui se présenta au premier entretien, mais toute une tribu comprenant la patiente, la mère, deux frères et une sœur accompagnés de leurs conjoints respectifs. Il y avait une seule ombre au tableau : l'absence du père, présenté comme trop âgé et trop « de la vieille école » pour participer à une thérapie familiale.

La psychologue fut invitée aux séances à titre de cothérapeute, mais également à titre de cliente puisqu'elle partageait les craintes de la famille et se trouvait, comme celle-ci, à court de solutions.

Le climat familial était chaleureux et décontracté, chacun verbalisant ses émotions et pleurant à chaudes larmes toutes les fois qu'un sujet difficile était abordé.

Le jeu familial autour du symptôme présenté par la patiente confirma rapidement la lecture de la psychologue. Dès que la patiente montrait de la tristesse et du découragement, mère, frères, sœur et proches parents se relayaient pour la consoler. Les rôles étaient d'ailleurs assez bien distribués, maman se chargeant des étreintes, un frère et une belle-sœur manifestant leur empathie dans la mesure où ils avaient eux-mêmes vécu des dépressions dans le passé ou une belle-sœur combative s'insurgeant contre la lenteur et l'inefficacité de l'hôpital.

Mon premier souci fut d'ébranler les règles implicites de ce jeu sans fin en faisant un recadrage, à la Jay Haley (1991), sur la position de pouvoir de la patiente. Je fis remarquer que cette dernière avait le don de mobiliser toute la famille, laquelle faisait preuve à cette occasion d'une grande cohésion. J'ajoutai que la patiente manifestait de l'opposition à travers ses symptômes, en menant la séance là où cela lui convenait, et en montrant combien elle se trouvait défavorisée par rapport à ses frères. Ceux-ci devaient hériter des terres du père, alors qu'elle, affirmait-elle en pleurant, n'aurait jamais de crédit auprès de ses parents, puisqu'elle était une fille et que sa boutique de mode en faillite n'avait aucune valeur aux yeux d'une famille de propriétaires terriens.

Quoique choquant, le recadrage consistant à voir le symptôme comme une manifestation d'opposition eut un effet stimulant sur les membres présents qui manifestèrent pendant les trois premières séances leur propre opposition aux valeurs surannées du père absent. Grâce à mes résonances personnelles, je n'eus aucune difficulté à imposer diverses étiquettes, du type « le patriarche » ou « le patron » pour désigner le chef de famille soi-disant omnipotent qui dédaignait la thérapie, mais qui n'oubliait pas toutefois de se renseigner sur son évolution. Lors de ces séances, au cours desquelles l'image du chef de famille était égratignée, la conjointe de celui-ci veillait à ce qu'on garde un minimum de respect envers lui, tout en soulignant que son mari était effectivement vieux jeu et qu'elle acceptait difficilement le rôle de soumission imposé par ses normes datant d'une autre époque.

Les séances ultérieures devenant moins révélatrices, j'eus l'idée de présenter la patiente comme un bébé que ses parents nourrissaient quasiment au biberon. Ce recadrage, que j'utilise parfois dans des situations de crise marquées par l'extrême régression de personnalités dépendantes ou limites, tomba ici à plat, tout en suscitant une désapprobation polie. L'image n'était pas uniquement provocante ; elle était inadaptée aux valeurs et aux mythes de cette famille. D'abord, personne ne pouvait concevoir que le patriarche donnât le biberon, même symbolique, à sa fille ; c'était là le rôle de la mère. Ensuite, dans cette famille, il était interdit de disqualifier quelqu'un de façon aussi directe. Enfin, les interactions autour de la nourriture étaient autrement plus complexes qu'il n'y paraissait à première vue. En effet, la patiente, comme beaucoup d'anorexiques, était excellente cuisinière et offrait des plats préparés à son entourage, bien plus qu'elle n'en recevait. Par contre, le lien qu'elle assurait autrefois, en nourrissant ses proches, s'était doublé d'un contrôle angoissé de son poids et de difficultés d'ingestion depuis sa dépression. La famille vivait ainsi au rythme de ses refus de nourriture ou de ses vomissements qui faisaient craindre une étiologie organique.

Frappé par l'inadéquation de ce recadrage, mais conscient des luttes de pouvoir autour du thème de la filiation, je réalisai que la famille était plus qu'une tribu soudée ou un clan de riches propriétaires terriens des Laurentides. Je proposai alors l'image d'une dynastie, à laquelle chacun adhéra de façon créative. Le patriarche devint un Roi qui, avec sa Reine, luttait pour l'intégrité de la lignée et le respect des traditions. Frères et sœur étaient des chevaliers défonçant les portes de l'hôpital-château fort. La patiente n'était donc pas un bébé, mais une princesse !

Cette métaphore, qui recadrait positivement le rôle de chacun, eut cette fois un effet bénéfique, sans que j'aie l'impression de maîtriser quoi que ce soit dans le processus thérapeutique. La famille fit le constat que la dynastie s'effondrait. Le frère aîné, dauphin désigné, ne voulait pas de l'héritage paternel; en rupture avec la tradition, il refusait de gérer les terres familiales et se satisfaisait d'un emploi sécurisant de fonctionnaire. Le frère cadet cachait tant bien que mal son homosexualité derrière un mariage asexué. La sœur, mariée à un commerçant, avait bien d'autres préoccupations que la sauvegarde du patrimoine depuis qu'elle luttait contre le cancer. C'était donc bien la patiente qui reprenait le flambeau parental. Elle vivait dans la première maison familiale qui aurait dû revenir plus tard au frère aîné. Elle avait divorcé d'un premier conjoint qui refusait de fréquenter la famille et elle maintenait un lien fusionnel avec un Roi déchu qui se voyait obligé d'éparpiller ses terres au gré de promoteurs voraces.

Ainsi se construisit une nouvelle histoire familiale dans laquelle chacun se sentit plus à sa place. Le moment le plus émouvant eut lieu lors de la sixième et dernière séance, lorsque frères et sœur mirent un point final au mythe de la princesse mal aimée de son père. Ils exprimèrent en chœur à la patiente leur souffrance face à sa jalousie tandis qu'eux se considéraient, depuis l'enfance, bien moins choyés qu'elle par leurs parents, entre autres parce qu'ils ne répondaient pas aux désirs de ceux-ci. Ce recadrage formulé par la famille elle-même eut un effet libérateur: la princesse, touchée par la peine des membres de sa fratrie, s'excusa d'avoir été aveugle. Elle les délivra du rôle de chevaliers servants pour faire ses demandes d'ordre médical seule. Elle cessa de faire à manger pour tout le monde et se mit à fréquenter un nouveau compagnon, sans se préoccuper du fait qu'il était roturier et pourrait déplaire aux parents. Ces derniers, comme par enchantement, la laissèrent manger seule, soutenus dans leur nouvelle fermeté par la fratrie et les thérapeutes.

La fin, moins romantique, de cette histoire est que la patiente fut un jour opérée d'un ulcère à l'estomac. L'anorexie était bien en partie déterminée par un problème organique. Le mérite de cette thérapie est peut-être d'avoir aidé le « bébé » à s'assumer en tant que princesse moderne et de l'avoir poussée à persévérer face aux médecins qui ne considéraient pas la dimension organique de ses troubles.

Règles de recadrage

L'histoire ci-dessus montre que le recadrage n'est efficace que s'il respecte un certain nombre de principes.

1) *Le recadrage concerne les interactions plus que le contenu.*
2) *Les métaphores ont plus de poids que les mots.*
   Le recadrage du symptôme sous l'angle de l'opposition ébranla les participants, mais sans avoir l'impact des images du bébé et de la princesse.
3) *Le recadrage s'élabore avec les participants.*
   Lorsque le recadrage est le fruit d'une recherche commune, le scénario résultant est plus créatif. Une image est généralement proposée par le thérapeute, tout comme un thème est offert aux acteurs d'une ligue d'improvisation. Dans le meilleur des cas, les acteurs familiaux transforment l'image que le thérapeute-metteur en scène peut à son tour modifier en apportant de nouvelles règles du jeu.
4) *Il faut parler le langage des patients.*
   Ce vieil adage de toutes les écoles de psychothérapie s'applique également au recadrage de nature systémique. La forme du recadrage, qu'il s'agisse d'images ou de mots, doit correspondre à la culture des clients pour être accessible. Il ne s'agit pas bien sûr de parler « paysan » si l'on parle à des cultivateurs ou de parler « intellectuel » si l'on s'adresse à des universitaires. Il faut plutôt utiliser leur style verbal, leur forme d'humour ou les valeurs qui les caractérisent.

Les recadrages simples

John Herr et John Weakland distinguent les recadrages simples des recadrages complexes. Je reprendrai cette terminologie, sans m'arrêter à leur propre description (voir pour plus de détails Herr et Weakland, 1979).

Les recadrages simples sont, à mon sens, des « coups » réflexes comparables à ceux d'un joueur de tennis au filet. Ils tiennent de la tactique plus que de la stratégie, dans la mesure où ils s'inscrivent dans une vision à court terme.

Ils peuvent être utiles pour provoquer les membres d'un système rigide, mais ils font aussi courir à l'intervenant le risque de s'engager dans une relation symétrique où la volée attire un passing-shot chez l'adversaire. Parfois, la provocation remplit la fonction d'une sonde exploratoire. Il s'agit d'un coup à l'aveuglette qui peut apporter un éclairage nouveau. Les recours à l'opposition et à l'image du « bébé » correspondaient à ce type de recadrage.

Dans d'autres circonstances, le recadrage simple permet d'encourager les patients. C'est le cas lorsqu'on utilise la vieille méthode de la transformation du négatif en positif : « La situation a l'air mauvaise, en fait, elle a des avantages. » La connotation positive qui consiste à présenter le symptôme comme s'il remplissait une fonction dans le système familial s'apparente à ce procédé. Les règles et les comportements familiaux sont qualifiés positivement afin de faciliter l'accès au modèle systémique, sans risquer la disqualification. Le message, en général livré à l'issue de la première rencontre, prend grosso modo la forme suivante : « Dans l'état actuel des choses, il serait prudent de ne rien changer à votre fonctionnement. »

D'une façon générale, le recadrage simple consiste le plus souvent à transformer une situation ou un point de vue en son contraire. À ce titre, les systémiciens m'apparaissent volontiers comme les champions de la contradiction, au point même qu'ils en deviennent parfois agaçants. Parmi les retournements positifs classiques des systémiciens voici quelques qualificatifs et leurs versions recadrées :

- — La symétrie peut se redéfinir en termes de confiance mutuelle (« Il faut avoir beaucoup de confiance l'un envers l'autre pour se parler avec tant de conviction. »).
- — La complémentarité devient de la collaboration.
- — L'agressivité se transforme en combativité.
- — L'échec est une étape de croissance (en particulier, en cas de rechute alcoolique avec sentiment de culpabilité).
- — L'incertitude de l'angoissé apparaît comme de la prudence.
- — Le mot dépression peut céder la place aux termes découragement et fatigue.

Ces divers exemples sont empruntés au texte de Gilles David dans le remarquable ouvrage québécois intitulé *La thérapie de couple dans une perspective systémique* (Joly *et al.*, 1986). Ils donnent une signification inattendue qui favorise un climat de collaboration, parce qu'ils ne sont pas disqualifiants.

Lors d'un travail de supervision ce type d'éclairage est volontiers efficace, car les thérapeutes, comme les clients, ont tendance à trop coller à leurs a priori et à leurs premières impressions (résonances ou contre-transfert obligent). Ainsi, des thérapeutes en supervision s'acharnaient-ils à défendre le point de vue d'une pauvre adolescente restreinte dans ses libertés légitimes quand ses parents lui faisaient le reproche de rentrer systématiquement avec un quart d'heure de retard. Pour montrer la circularité de la situation, je leur demandai simplement pourquoi la jeune fille s'obstinait à rentrer tard, alors qu'elle savait très bien qu'elle aurait droit à une réprimande. Dans une autre circonstance, un homme battu par sa femme ne rencontrait aucune compassion chez des intervenantes qui le soupçonnaient de lâcheté et de manipulation. Il m'aura suffi de leur demander si leurs réactions auraient été identiques s'il avait été question d'une femme battue !

Les recadrages complexes

En termes sportifs, pour reprendre la métaphore du tennis, on parlera ici de plan de match et donc de stratégie plutôt que de tactique.

Le recadrage complexe prévoit en effet plusieurs « coups » à l'avance ; il touche une règle implicite au système ou le processus lui-même. Ainsi, la métaphore de la « princesse », qui décrivait l'organisation familiale autour et en dehors du symptôme.

Comme le questionnement circulaire, qui est en quelque sorte sa forme non affirmative, le recadrage met en exergue l'aspect relationnel et interactif des problèmes. Du fait même de son caractère complexe, il est difficile d'en dresser l'inventaire. Sa forme variera avec les situations cliniques, le style et la créativité du thérapeute. L'exemple suivant en fera, néanmoins, l'illustration.

Exemple de recadrage : le cas du mari autoritaire

Madame F vivait une dépression chronique, de type dysthymique, dont elle attribuait la cause à l'autoritarisme de son mari. Dans un bel élan de loyauté, sa sœur et le fils qui n'avait pas encore réglé ses conflits œdipiens avec son père, reprenaient à l'unisson cette théorie. En fait, au cours de divers entretiens familiaux, le conjoint m'apparut surtout obstiné, comme les anxieux à tendance obsessionnelle savent l'être. Madame accusait, par exemple, son mari de l'obliger à le suivre sur les terrains de golf qu'elle n'appréciait pas, alors qu'il cherchait à la distraire sans être capable d'imaginer d'autres solutions. Le fait de recadrer l'autoritarisme en obstination fut sans effet. Par contre, quelques entretiens de couple montrèrent des difficultés de communication, en lien avec la culpabilité. Chacun des conjoints n'osait affirmer ses désirs par peur de déplaire ou de blesser l'autre. Monsieur, par exemple, avait bien envie d'aller au golf sans sa femme qui lui faisait triste mine sur les verts. Madame lui disait bien d'y aller seul, mais il interprétait son encouragement comme un sacrifice. Madame, de son côté, n'osait pas dire qu'elle préférait courir les magasins avec sa sœur et croyait que son mari ne rêvait que de parties de golf en sa compagnie.

Le recadrage de la relation fut dès lors formulé au couple de la façon suivante: « Votre couple repose sur une base solide car vous éprouvez de l'amour l'un pour l'autre et vous vous respectez. Par contre, le respect et l'amour vous conduisent à avoir peur de déplaire à l'autre et à ne pas affirmer vos désirs. De plus, vous avez chacun tendance à interpréter les intentions du partenaire sans vérifier la justesse de vos impressions. Dans le fond, vous n'avez pas un conflit de couple, mais un problème de communication. »

La thérapie s'orienta ensuite vers des techniques tout simplement comportementales, consistant à développer les habiletés de communication. En dehors du recadrage précédent, la seule contribution systémique à la thérapie fut donc de dénoncer la règle paradoxale qui régissait les loisirs du couple et qu'on peut énoncer ainsi: « Dans un couple uni, il est interdit d'avoir des activités seul, et en même temps, il est bon d'être indépendant. »

La prescription de tâches

Tout comme le médecin prescrit des médicaments pour faire disparaître un symptôme, le systémicien prescrit des tâches pour que disparaisse le problème présenté.

De même que les médicaments peuvent être prescrits dans le bureau du médecin (telle l'injection, par exemple) ou en dehors, les tâches pourront être exécutées en séance ou en dehors de celle-ci. Ultime analogie avec l'acte médical, les tâches seront proposées avec le sérieux et le caractère solennel d'une prescription médicamenteuse, et ceci à plus forte raison quand l'approche est stratégique.

Objectifs des tâches

Recueillir des informations

La prescription de tâches est parfois instinctive. Quand un deuil n'est pas résolu, je recommande un rituel consistant à faire un nouvel adieu au défunt. Lorsque les barrières générationnelles ne sont pas respectées, il m'arrive de copier Salvador Minuchin (1983), en faisant se déplacer les participants en séance, afin de symboliser les frontières. Quand un système est trop protecteur, je fais du paradoxal à la californienne (Haley, 1991; Weakland dans Fisch, Weakland et Segal, 1986) ou à l'italienne (Andolfi, 1982), en confiant aux protecteurs une tâche poussant jusqu'à l'absurde leur contrôle. Dans de telles circonstances, les tâches prescrites correspondent à des recettes qui ont fait la preuve de leur efficacité dans des situations cliniques similaires. Elles ne sont pas toujours pertinentes dans le sens où elles n'apportent pas forcément un changement. Par contre, elles ont une valeur informative. Elles permettent, par exemple, de vérifier si l'alliance thérapeutique est bonne, de mieux connaître la dynamique du système ou de confirmer la justesse des hypothèses.

Les prescriptions seront plus élaborées si je prends le temps de faire une pause avant la fin de la séance et si je travaille avec un cothérapeute. Une pause d'une quinzaine de minutes avant la conclusion de la séance me permet de prendre un peu de recul avec les échanges émotifs et intellectuels qui viennent de se dérouler. Le cothérapeute m'aide à décompresser, à ébaucher une analyse des problèmes vécus et à élaborer calmement un commentaire qui fera office de synthèse et de prescription. Dans un tel cadre, je deviens plus stratégique et tente de prévoir plusieurs «coups» à l'avance, comme les joueurs d'échecs. J'ai tendance à croire que ces prescriptions-là ont plus d'impact pour favoriser la croissance du système concerné.

En fait, les bonnes prescriptions sont comme les bonnes questions ou les bons recadrages car elles reposent sur un mélange d'ingrédients complémentaires: les émotions et l'intellect, le spontané et le réfléchi, les «coups au filet» et les «coups de fond de court».

Promouvoir le changement

Le principe directeur des prescriptions est l'apprentissage de nouveaux comportements car l'action favorise plus souvent le changement que le simple insight. La connaissance intellectuelle de nos travers ou de nos conflits ne suffit pas à les résoudre. Un couple peut bien prendre conscience qu'il est néfaste de se servir des enfants pour transmettre les messages, la passion l'emportera vite sur les connaissances rationnelles lors du prochain conflit important. Les conjoints oublieront leurs bonnes intentions et l'enfant sera de nouveau triangulé. On sait bien qu'il ne suffit pas d'aider un alcoolique à réaliser qu'il boit trop pour qu'il cesse de boire. Au contraire, si on lui fait trop la leçon sur les méfaits de l'alcool, il peut fort bien se jeter aussitôt dans l'ivresse pour effacer culpabilité et angoisse. Après avoir appris à voir autrement, le client va essayer d'agir autrement. La tâche en séance ou hors séance lui permettra de s'entraîner en vue d'autres interactions.

La prescription peut être vue comme une forme de conseil, à ceci près qu'elle prend en considération les interactions et plus globalement la dynamique du système en question, sans se contenter d'aller dans le sens du « bon sens ». Le conseil de ne pas boire ne sera pas écouté si l'on ne tient pas compte du phénomène biologique d'accoutumance, de la fonction d'intégration sociale de l'alcool, de son rôle anxiolytique et euphorisant, de l'éventuel conjoint qui contrôle tout sauf la bouteille ou du thérapeute qui ne cesse de mettre en évidence les défauts de son patient. Les tâches, qui s'apparentent aux conseils du type « bon sens », risquent de renforcer les tendances homéostatiques du système en ne tenant pas compte de la complexité de celui-ci. Maurizio Andolfi, fondateur de l'école romaine de thérapie familiale, les appelle des « tâches contre-systémiques » (Andolfi, 1982, p. 114). Elles reflètent souvent le manque d'expérience du thérapeute qui base son jugement sur le contenu du problème plutôt que sur les interactions dysfonctionnelles. En d'autres mots, il s'intéresse trop au *pourquoi* et pas assez au *comment.*

Exemple de ce qu'il ne faut pas faire
(ou de ce qu'il faut faire ?)

Lors d'une séance de supervision fut abordé le cas d'une jeune fille qui présentait des attaques de panique et dénonçait une atmosphère familiale étouffante. Elle revendiquait plus de liberté et souhaitait, notamment, passer une nuit par semaine avec son copain. Toutefois, elle se heurtait à l'opposition de parents immigrés qui s'accrochaient aux valeurs du pays d'origine et ne pouvaient tolérer que leur fille ait des rapports sexuels avant le mariage. La négociation parents-enfant était bloquée dans la mesure où la cliente n'envisageait pas de se marier, sans avoir testé la relation à travers une période de concubinage.

Les parents, de leur côté, refusaient tout compromis, malgré une attitude plus permissive de la grand-mère maternelle qui partageait le logement de la famille nucléaire. Par contre, selon la patiente, la grand-mère ne manifestait son appui qu'en secret et ne s'opposait jamais officiellement à l'avis du couple parental (respectant d'ailleurs ainsi les frontières générationnelles tout en les franchissant dans son alliance cachée).

Toute solution envisagée par l'un ou l'autre des partis consistait en une rupture des relations familiales alors que chacun, en réalité, redoutait une telle éventualité : « Si tu passes la nuit avec lui, tu quittes la maison et nous te renions. » ; « Si vous m'empêchez de passer une nuit par semaine chez lui, je vous quitte à jamais. » La thérapeute, en supervision, ne pouvait concevoir qu'une intervention individuelle favorisant l'épanouissement (légitime) de la patiente. Elle voulait l'inciter à s'autonomiser en se démarquant des valeurs familiales dépassées, quitte à ce qu'elle rompe avec sa famille.

Ce type de conseil s'oppose à la dynamique systémique du groupe en question et ne tient pas compte de la complexité des enjeux. Les parents avaient dans le passé transgressé leurs propres règles familiales en profitant de la distance établie alors avec leurs familles d'origine, grâce à l'émigration au Canada. Ils s'étaient en effet mariés sans le consentement de leurs propres parents ; de surcroît, l'union avait probablement été précipitée par la grossesse, avant mariage, de la mère. Dans le conflit actuel, un des enjeux était donc la crainte que se perpétue une situation honteuse. De plus, la grand-mère maternelle semblait être à l'origine d'une malédiction familiale puisque, dans son pays natal, elle aurait eu trois enfants avec trois hommes différents !

Fidèle à l'école de Palo Alto, je proposai de ne pas recourir aux « mauvaises solutions » de la famille, en faisant « toujours plus de la même chose ». Suivre la patiente en thérapie individuelle pour la pousser à couper les liens ne faisait que reproduire les séquences actuelles et passées. En effet, la solution envisagée, c'est-à-dire la rupture, risquait de rendre le problème insoluble. Au lieu de rester dans le cadre restreint d'un dialogue patient/thérapeute, ne fallait-il pas réunir les gens concernés pour rompre les dialogues singuliers du type petite-fille/grand-mère, mère/fille, fille/copain qui ne changeaient rien au problème ? Une première tâche proposée à la patiente qui refusait toute réunion familiale, ne pourrait-elle pas consister à discuter du problème en présence de la grand-mère et des parents ? Alors que les efforts des parents et de la patiente visaient la mise à distance du prétendant, ne fallait-il pas s'orienter vers une intégration insidieuse de celui-ci ? Le copain avait d'ailleurs été officiellement présenté à la famille lors d'un repas, quelques semaines plus tôt, et une bombe atomique n'avait pas tout détruit sur son passage.

La méthode proposée était donc classique : réunir, si possible, la famille ; redéfinir le problème (problème de transplantation et de loyautés transgénérationnelles) ; prescrire des tâches changeant les comportements habituels ; ne pas faire ouvertement opposition à l'homéostasie du système familial.

Lors de la séance de supervision suivante, la thérapeute nous apprit qu'elle avait suivi sa propre idée en voyant sa cliente en entretien individuel et que celle-ci avait quitté la maison familiale à la suite d'une dispute avec sa mère. Heureusement, les parents n'avaient pas renié leur fille et le père avait même parlé au copain pour lui demander de prendre soin d'elle.

Le problème immédiat était donc réglé, mais la problématique familiale restait entière. Comment, en effet, intégrer ce nouveau type d'union dans les valeurs traditionnelles pour que l'accès à l'autonomie de la fille soit harmonieux ? Comment permettre à chacun de ne pas ressentir trop de culpabilité ? Comment aider les uns et les autres à se fréquenter, sans qu'ils aient l'impression d'être les perdants de ce conflit symétrique ? Il fut suggéré que la patiente et son copain pourraient inviter les parents à dîner chez eux. Cette tâche aurait valeur d'un rite de passage officialisant l'accès à la vie adulte de la patiente et donnerait un caractère légitime à l'union. Cette tâche simple s'avéra efficace, une thérapie familiale ne fut pas nécessaire et la porte de la modernité est désormais ouverte pour la sœur cadette de la patiente.

Cet exemple illustre finalement autant le principe d'équifinalité de la systémique que la prescription de tâches. Il existait dans cette histoire plusieurs chemins pour arriver au même résultat. La thérapeute suivit un chemin contre-systémique parce qu'elle était encore attachée à son modèle linéaire de psychothérapie. En outre, du fait des résonances avec son histoire personnelle, elle se sentait incapable de travailler avec cette famille et était persuadée que seule la rupture était la solution dans ce contexte apparemment rigide. Finalement, après avoir vérifié que la famille était moins hostile qu'elle ne se l'imaginait, elle fit le compromis de s'engager dans une « thérapie individuelle systémique », commençant par la prescription du repas familial. De fait, cet exemple montre que l'approche systémique ne consiste pas exclusivement à réunir des familles ou, plus globalement, les gens concernés par un problème. Une thérapie individuelle peut devenir systémique à partir du moment où elle se focalise sur le contexte de survenue des troubles et sur les interactions circulaires.

Règles de la prescription de tâches

Pour qu'elles soient efficaces, les règles concernant la prescription de tâches ressemblent à celles décrites pour le recadrage.

1) *Les prescriptions portent plus sur les interactions que sur le contenu.*

   Ainsi, dans l'exemple précédent, la tâche proposée par la thérapeute (favoriser la rupture pour accéder à l'indépendance) s'adressait plus au contenu (conflit avec les parents) qu'au processus (enjeux familiaux plus larges, règles de jeu rigides, recherche d'une alliance déculpabilisante auprès de la thérapeute).

   Les prescriptions structurent de façon quasi obsessionnelle les interactions, qu'il s'agisse de les amplifier ou de les changer pour des séquences plus fonctionnelles. L'amplification et, de façon générale, la prescription du symptôme ou de non-changement seront le plus souvent utilisées en début de thérapie quand la tendance homéostatique du système prédomine, en réaction à la nouveauté du questionnement et des recadrages. Dans la dernière phase de la thérapie, les tâches viseront le renforcement de la tendance au changement du système et seront moins paradoxales.

2) *Les prescriptions ont, autant que possible, une valeur métaphorique.*
Cette règle ne fait peut-être pas l'unanimité, mais elle est devenue mienne depuis l'époque où je travaillais avec des collègues s'inspirant de l'école romaine.

Les tâches métaphoriques évitent de longs discours, stimulent l'imagination des clients et contournent les réactions défensives en établissant des corrélations analogiques avec la situation problématique.

Beaucoup de gens ne suivent pas les directives même s'ils en soupçonnent l'utilité. « Certains acceptent plus volontiers des tâches s'ils ne les reconnaissent pas consciemment comme telles, ou si la tâche ne met pas directement en cause la situation problème. » (Andolfi, 1982, p. 149) Dans de tels cas, les prescriptions métaphoriques sont particulièrement utiles.

Une technique classique en séance consiste, par exemple, à utiliser une chaise laissée vide pour personnifier la personne absente. Ce procédé fut utilisé dans « l'histoire du bébé et de la princesse » pour que chacun exprime ses sentiments envers le patriarche absent, dans une atmosphère ludique propice au processus thérapeutique.

Dans les situations de crise en rapport avec des pertes ou des phases de transition du cycle de vie familial, tel le départ des enfants, je fais volontiers appel à des tâches reproduisant les rites de passage qui font de plus en plus défaut dans notre société occidentale. Il s'agit entre autres des cérémonies de deuil ou des repas familiaux que j'ai évoqués plus haut.

3) *Les prescriptions concernent, si possible, tous les participants.*
Elles permettent notamment de toucher la distribution des rôles.

4) *Les prescriptions doivent être proposées avec conviction et brièveté.*
Le thérapeute doit exploiter sans remords sa position d'autorité (bien relative néanmoins) pour prendre une allure docte et ne pas avoir à fournir trop d'explications sur le bien-fondé de la tâche, et ce, d'autant plus qu'il s'agit d'une tâche métaphorique. Les justifications du type : « Vous savez, ce que je vous demande a l'air fou, mais c'est en réalité bien pensé » sont du plus mauvais effet. Par contre, dans les entretiens initiaux, il est recommandé de prévenir les clients qu'on sera parfois amené à leur dire ou à leur faire accomplir des choses inhabituelles — que tout le monde ne réussit pas à faire, dans le but ultime de les aider.

5) *Il vaut mieux proposer des tâches réalisables.*
Il faut éviter de placer les clients dans une position d'échec, non seulement parce qu'ils peuvent abandonner la thérapie, mais aussi parce qu'on risque d'accentuer leur sentiment d'impuissance à l'égard du problème.

De fait, on court vers un échec certain si on demande à des époux, hostiles en entretien, de faire une sortie d'amoureux pour réveiller le romantisme dans leur relation.

Dans le même ordre d'idées, il ne sera pas judicieux de recommander aux époux de se consacrer une heure par semaine pour exprimer ce qu'ils ressentent l'un pour l'autre, s'ils ne sont pas capables de partager leurs sentiments.

En proposant une tâche réalisable, on cherche à provoquer le plus petit changement possible, lequel induira théoriquement des changements plus importants, telle une boule de neige qui grossit au fur et à mesure qu'on la roule sur elle-même. Dans l'exemple précédent, on peut ainsi demander aux conjoints de trouver une activité routinière leur permettant d'être plus intimes (promenades, rénovations), à la condition de ne pas partager leurs sentiments. Il y a fort à parier qu'en osant se rapprocher, ils n'auront aucune difficulté à transgresser l'interdit du thérapeute; et, même si la consigne est respectée, l'important est de favoriser, dans ce cas hypothétique, une plus grande proximité.

6) *Les prescriptions doivent être précises et claires.*
Les clients doivent savoir exactement ce qu'ils ont à faire, éventuellement même où, quel jour et à quelle heure.

7) *Il faut s'enquérir de l'accomplissement de la tâche à la séance suivante.*
Cette règle évidente a priori est souvent oubliée, surtout quand on n'est pas à l'aise avec la prescription donnée. En agissant ainsi on se disqualifie et l'alliance thérapeutique bat de l'aile. En effet, on laisse l'impression que la tâche n'est pas importante et on peut perdre de la crédibilité.

Pour ne pas négliger cette étape du « retour » sur les tâches accomplies, certains thérapeutes aborderont le sujet dès le début de la séance par une question du genre : « Alors, avez-vous réussi cette semaine à moins parler de la dépression de votre enfant ? »

8) *Quand une prescription n'a pas été respectée, on peut revoir sa position.*
Le thérapeute a parfois avantage à reconnaître qu'il s'était trompé au niveau des objectifs souhaités ou du temps choisi pour faire la prescription. Par exemple, il affirmera qu'il est allé trop vite et qu'il faudrait revenir à des objectifs moins élevés. Dans le même sens, il pourra proposer d'espacer les séances, voire d'arrêter la thérapie. Il pourra même conclure parfois que le problème défini n'était sans doute pas le bon puisque la tâche n'a pas été accomplie. Il demandera alors aux clients de formuler ce nouveau problème qui est passé sous silence.

Au-delà de ces tactiques, il est intéressant de vérifier si un changement, autre que celui escompté, n'est pas apparu malgré ce non-respect de la prescription.

Les tâches simples

Une fois encore, on peut s'inspirer de la classification déjà décrite pour le recadrage, en distinguant les tâches simples des tâches complexes.

J'utilise souvent les tâches simples dans la phase initiale de la thérapie. Elles seront volontiers exploratoires, dans la mesure où ce sont de petites consignes qui servent à tester et à favoriser la collaboration. Comme pour les recadrages simples, j'utilise un éventail de quelques « coups au filet » que j'ai, pour la plupart, empruntés à Steve De Shazer (1988). Cet auteur, en effet, distingue trois types de clients : le plaignant qui souffre le plus de la situation, sans forcément être porteur du symptôme, l'acheteur qui formule une demande claire d'aide et souscrit facilement au modèle du thérapeute, et le visiteur qui n'a pas demandé de soins, et qui pourtant sera assez fréquemment le patient identifié. À chaque type de client, Steve De Shazer, dans son approche orientée vers les solutions, propose un type déterminé de tâche.

Observer

Cette prescription s'adresse au plaignant qui a tendance à se situer en dehors de la problématique. On lui demande d'observer les comportements gênants jusqu'à la prochaine séance. Cette requête et les suivantes peuvent bien sûr s'adresser au groupe dans son entier lorsque la méfiance et les tendances homéostatiques prédominent. L'observation apportera en outre des informations intéressantes si l'on force les regards à se tourner vers les interactions : « Jusqu'à la semaine prochaine, pourriez-vous observer à propos de quels sujets vos parents font intrusion dans l'éducation des enfants ? »

Faire la même chose

Cette prescription sera appropriée avec le plaignant ou le visiteur. Elle me paraît également bien convenir lorsque « l'ensemble protectionniste » décrit par Suzanne Lamarre (1998a) entrave tout changement.

On demande, par exemple, à un conjoint d'intensifier la surveillance de son épouse chroniquement suicidaire. S'il se confirme que son attitude est hyperprotectrice et renforce le symptôme, on pourra se permettre d'amplifier paradoxalement le contrôle en recommandant une surveillance jour et nuit. Il y a alors de fortes chances pour que le plaignant se transforme en acheteur et demande au thérapeute de l'aider à trouver d'autres solutions.

Steve De Shazer invite également les acheteurs à faire la même chose lorsque certaines solutions ont été efficaces dans le passé. Autrement dit, s'il y a eu dans le passé proche ou lointain des moments où le problème disparaissait, il propose aux protagonistes de reproduire les comportements ou solutions qui ont marché. Par exemple, lorsqu'une de mes patientes, dont j'ai cité le cas plus haut, avait remarqué qu'elle était moins suicidaire quand sa mère et sa fille vivaient près d'elle, je l'avais encouragée à vérifier si elle serait moins suicidaire en sortant plus souvent avec sa fille.

D'une façon générale, la recommandation de ne rien changer au comportement fera suite à la connotation positive qu'on utilise en début de traitement.

Faire autre chose

L'acheteur est par définition prêt à modifier son comportement. La prescription visera donc ici d'emblée l'apprentissage de nouvelles interactions.

Tirer profit de la situation ou aider l'entourage

Cette technique n'est pas à proprement parler enseignée par Steve De Shazer et son emploi remonte à la nuit des temps.

Elle est utile quand le patient désigné se trouve dans une situation de contrainte. Je l'utilise régulièrement en psychiatrie quand des clients sont amenés à l'urgence sur « ordre de cour » et que je tente de leur faire accepter une hospitalisation sans réactiver des craintes ou provoquer de grands éclats. La situation type est celle du psychotique décompensé qui affirme ne pas être malade, alors que son comportement est manifestement dangereux et qu'une hospitalisation est indispensable. Bien entendu, il est possible d'imposer l'hospitalisation sans discuter de son bien-fondé. Le patient sera frustré, il sera souvent inconsciemment rassuré, mais il pourra aussi faire preuve d'une opposition musclée.

Pourquoi, en tant qu'intervenant, se limiter à un rôle d'évaluateur, se mettre tant de poids sur les épaules et ne pas profiter de la situation pour la rendre un peu plus thérapeutique ? On peut justement proposer au patient de tirer profit de la situation contraignante dans laquelle il est plongé. Je lui dirai, par exemple, que, si je le crois malade, il me manque bien des informations. Plutôt que de lui poser des questions pour lesquelles il m'offrira des réponses prévisibles (question du style : « Entendez-vous des gens dire du mal de vous ? », réponse : « Non. »), je préfère lui demander ce qui, dans son comportement, inquiète le plus son entourage. Je lui propose ensuite d'accepter une hospitalisation la plus courte possible, car nous n'avons pour l'instant aucun autre moyen pour rassurer ses proches. Enfin, je l'invite à convoquer à l'hôpital les gens concernés par ce problème afin que nous trouvions des solutions qui satisfassent chacun.

Le visiteur, s'il n'est pas encore un client à l'issue de l'entretien, devient, pour le moins, un partenaire dans le but de tirer profit de la situation. Ce processus peut conduire à définir d'autres problèmes que ceux directement reliés à la psychose tels que l'isolement social ou les difficultés affectives, lesquels serviront d'ancrage aux soins ultérieurs. Dans certaines circonstances, j'inverse la position du patient et je lui offre d'aider l'entourage à être moins craintif ou moins contrôlant, en acceptant une hospitalisation.

Les tâches complexes logiques

Il y a des tâches dont le contenu est logique pour l'interlocuteur même si ce dernier ne comprend pas toute leur portée. Elles s'inscrivent de façon claire dans la recherche de solutions concrètes.

D'autres tâches cependant ne répondent pas au sens commun. Déroutantes et illogiques, elles correspondent en général aux prescriptions paradoxales.

Je préfère donner des tâches logiques, non pas à cause de leur contenu, mais en raison d'un contexte thérapeutique généralement plus agréable que celui qui me conduit à faire des prescriptions paradoxales. Ces tâches logiques conviennent quand le système thérapeutique est bien huilé et que les participants tracent avec moi la route, sans bouder sur la banquette arrière.

Les changements de place en séance, l'utilisation de chaises vides, les rituels de deuil ou les repas en famille cités plus haut font partie de ces tâches logiques, bien que leur sens s'opacifie un peu lorsqu'elles prennent une valeur symbolique.

Certaines tâches sont très utilisées par les thérapeutes comme les jeux de rôle, les sculptures ou la réalisation d'un génogramme. En ce qui concerne les jeux de rôle, on peut faire quelques emprunts aux thérapeutes comportementaux et travailler les habiletés de communication. Le plus souvent, toutefois, on mettra en scène les communications aussi bien verbales (digitales) que corporelles (analogiques). Ce type de technique est particulièrement efficace quand un patient utilise ses symptômes pour obtenir une place centrale. Un jeu permettant à tous de visualiser l'espace qu'il cherche à occuper s'attaquera ainsi au symptôme de façon provocante.

Les tâches complexes illogiques

Les tâches paradoxales ont été largement utilisées par Milton Erickson. L'école de Palo Alto a contribué à leur popularité par l'intermédiaire de Jay Haley (1984) qui eut le privilège de le voir travailler. En Europe, les écoles de Milan et de Rome (voir respectivement Selvini Palazzoli *et al.*, 1983 et Andolfi, 1982) se sont, en partie, fait remarquer par leur approche paradoxale.

Les prescriptions paradoxales sont fondées sur la prescription du symptôme et des règles dysfonctionnelles. Elles brisent les cercles vicieux et favorisent ainsi l'apprentissage de nouvelles interactions.

Exemple : le cas de la patiente trop fatiguée

Une patiente dépressive mobilisait l'attention de son mari et de ses enfants par un comportement suicidaire. Elle faisait en cela compétition avec son mari régulièrement hospitalisé pour schizophrénie. En entretien, elle se montrait passive, laissant les uns et les autres suspendus à ses nombreux soupirs de découragement. Ses plaintes s'intensifiaient quand on s'éloignait du problème de sa dépression. Mon superviseur d'alors réussit à me pousser vers un jeu de rôle, qu'à l'époque je n'aurais jamais osé proposer seul. Puisque la patiente désignée se plaignait d'être constamment épuisée par la charge familiale, je lui recommandai de se reposer séance tenante, en s'allongeant sur un sofa. Les autres membres reçurent la consigne de continuer la discussion et chaque fois que la mère cherchait à quitter sa position, je m'inquiétais de son confort et l'invitais à rester allongée. Alors que nous évoquions de nouveau le suicide, le superviseur me fit remarquer que notre situation rappelait une veillée funéraire. Dès lors, nous décidâmes que la patiente « à demi morte » ne quitterait pas sa positon et que chaque membre de la famille jouerait le rôle qu'il tient au moment où l'on découvre qu'elle vient de s'intoxiquer avec des médicaments. « Qui arrive le premier à son chevet ? Qui décide d'appeler l'ambulance ? Qui prodigue les premiers soins ? Est-ce toujours le fils aîné qui dirige l'équipe soignante familiale ? »

En deux séances de jeux et de questionnements, le comportement symptomatique a disparu sans qu'à aucun moment je ne formule la moindre hypothèse sur sa fonction ou sur l'organisation familiale. Le processus thérapeutique s'est pratiquement déroulé à mon insu. Il a probablement dénoncé la distribution dysfonctionnelle des rôles, l'alliance illégitime de la mère et du fils aîné, la non-acceptation de la maladie du père ou les règles de pseudo-mutualité. À vrai dire, je n'en sais toujours rien. La thérapie a été efficace sans que nous formulions d'hypothèse précise parce que les tâches proposées ont permis à la famille d'expérimenter de nouvelles interactions et de modifier les règles assurant la régulation du système. En effet, le jeu de rôle ne s'est pas limité à faire revivre la scène des tentatives de suicide. Nous avons également modifié le scénario et les rôles habituels en demandant à chacun d'imaginer d'autres façons d'interagir afin d'arriver à un meilleur résultat.

L'exemple précédent constitue une illustration de la prescription du symptôme : on a invité la patiente à occuper, en séance, sa position problématique (allongée sur le sofa). En demandant ensuite à la famille de jouer les scènes de suicide, nous avons prescrit les règles dysfonctionnelles. La suite du jeu n'a, par contre, rien de paradoxal dans la mesure où elle a consisté à chercher de nouvelles règles de fonctionnement.

L'effet le plus immédiat des prescriptions paradoxales est de semer la confusion puisque, par définition, elles transmettent des messages à des niveaux logiques différents. En faisant allonger la patiente de l'exemple précédent, nous lui accordons la place centrale qu'elle revendique et en même temps nous l'excluons de la discussion. À un niveau, nous signifions que nous comprenons sa souffrance tandis qu'à un autre niveau, nous tournons sa passivité et son théâtralisme en dérision. La confusion stimule la créativité. Les clients désarçonnés réagissent souvent dans un premier temps par la rébellion pour prouver au thérapeute qu'il a tort ; ils iront donc souvent à l'encontre de la tâche, modifiant ainsi les interactions habituelles. D'autres clients suivront à la lettre les recommandations et s'épuiseront vite devant le caractère inapproprié de solutions redondantes. Dans les deux cas, l'abandon momentané des comportements dysfonctionnels ouvre alors la porte au changement.

Les tâches paradoxales sont indiquées lorsqu'on bute contre des systèmes rigides dont les membres s'accrochent à des solutions inefficaces, se livrent à des jeux sans fin ou s'entêtent dans des théories linéaires. Un des bénéfices immédiats de ce type de stratégie est que l'intervenant trouve un remède relativement efficace à ses maux de tête : il ne s'épuise plus à convaincre, il prend un peu de recul émotionnel avec la situation et, à la limite, éprouve un peu de plaisir à surprendre.

Je passerai en revue quelques-unes des prescriptions paradoxales les plus classiques. (Pour plus de détails voir Haley, 1993, 1984 ; Malarewicz, 1992 ; Watzlawick, 1988 ; Weakland dans Fisch, Weakland et Segal, 1986 ; Andolfi, 1982.)

Prescription de non-changement

Ce type de prescription est utile en début et fin de thérapie. Il consiste à recommander de ne rien changer aux relations habituelles (première séance) ou à nier l'amélioration observée par les clients.

Prescription du symptôme et modification du contexte

On demande, par exemple, à un couple de reproduire ses disputes habituelles dans un contexte différent, dans un lieu ou à des moments inhabituels par exemple. Outre l'effet de provocation évoqué plus haut ou encore l'effet de recadrage, ce type d'intervention redonne aux clients une possibilité de contrôle sur leurs symptômes puisqu'un comportement involontaire se transforme en comportement volontaire. Cette technique était volontiers utilisée par Milton Erickson pour les difficultés sexuelles et toutes les attitudes qui échappent au contrôle de l'individu concerné (symptômes obsessionnels, comportements de dépendance entre autres).

Changer les rôles ou les attitudes sans changer les valeurs

Jay Haley (1993) a recours à ce genre de paradoxe quand apparaissent des problèmes de pouvoir et de contrôle. La situation type est celle de l'adolescent rebelle dont le comportement est entretenu par l'attitude contrôlante ou, à l'inverse, laxiste des parents. Sans contester les valeurs parentales à l'égard de l'éducation, l'auteur prescrit d'abord le symptôme aux parents. Il invite ceux qui sont fermes à continuer leur contrôle et ceux qui sont laxistes à être encore plus tolérants. C'est dans un deuxième temps qu'il prescrira une tâche modifiant le comportement, sous le prétexte fallacieux d'obtenir plus d'informations pour confirmer le diagnostic.

Faire semblant

Ici, on prescrit la disparition du symptôme ; plus exactement, on demande à certaines personnes clés de faire comme si le problème avait disparu. Le déprimé fera comme s'il était heureux de vivre et le couple comme s'il s'entendait bien.

Pour les couples, les « sorties secrètes » prescrites de façon invariable par l'école de Milan à ses débuts (Malarewicz, 1992) sont un levier thérapeutique puissant que j'utilise à ma manière. La situation idéale est celle d'enfants perturbés par les conflits répétitifs de leurs parents ou celle de couples dont les conflits sont entretenus par l'intrusion de membres de la famille élargie (le couple ne négociant que par personnes interposées, par exemple). Les conjoints reçoivent alors le conseil de feindre une meilleure entente en sortant comme des amoureux une fois par semaine. Au retour de la sortie, ils ne doivent faire aucune mention des circonstances de celle-ci ou du contenu des discussions. Les enfants et l'entourage impliqués sont en général surpris, sceptiques, puis soulagés. De surcroît, le couple ne subit plus d'interférence dans la résolution des conflits et parfois, si ses bases sont solides, il peut prendre goût à ce nouveau mode relationnel.

Les techniques paradoxales fascinent certains et choquent d'autres. La fascination est facilitée par l'illusion de toute-puissance magique qu'elles font naître en nous alors qu'elles ne constituent qu'un petit instrument de plus sur notre établi d'artisan-thérapeute. Ceux qu'elles choquent devraient réaliser que patients, familles et organisations utilisent avec aisance des techniques paradoxales. Ainsi, dans nos institutions, ne sommes-nous pas poussés à faire toujours plus de la même chose, à plus prescrire, plus protéger, plus contrôler et plus se réunir alors que le discours officiel est celui de l'ouverture, du libre arbitre, du respect et de l'efficacité ? Il ne faudrait pas non plus oublier que l'humour, dont personne ne conteste la nécessité, est par essence bâti sur le paradoxe. C'est probablement ce pourquoi les bonnes thérapies sont volontiers celles où l'humour a une place.

* * *

La thérapie systémique évolue ainsi en trois temps intriqués : d'abord, celui de l'évaluation ; ensuite, celui de l'introduction du doute grâce aux questions et aux recadrages ; enfin, celui du changement comportemental par le biais de tâches.

Les techniques systémiques classiques sont sophistiquées et il ne faudrait pas se laisser impressionner par elles. Certains thérapeutes les appliquent à la lettre, tandis que d'autres s'en inspirent vaguement. D'une façon générale toute technique devrait être utilisée avec parcimonie, car tout le monde s'accorde pour dire que l'efficacité des psychothérapies repose d'abord sur la personnalité des psychothérapeutes.

Dans ce chapitre, j'ai tenté de regrouper les modes d'emploi d'outils classiques que l'on trouve le plus souvent éparpillés dans divers livres et articles. J'ai surtout voulu prouver, à travers des exemples personnels, que la thérapie procède par essais et erreurs, sans qu'on ait une vision claire des problèmes et des remèdes appropriés. Ainsi, dans les situations évoquées, le changement a été le fruit de la technique, mais aussi de l'intuition, du hasard et de la spontanéité. En s'inspirant de cette optique constructiviste, on peut dire que les histoires de thérapie racontées dans les livres et les réunions sont des « reconstructions ». Dans cette dérive à laquelle personne n'échappe, les descriptions cliniques sont parfois, d'une part, des versions enjolivées de la réalité et, d'autre part, des rationalisations cherchant à donner un sens aux séquences thérapeutiques, vécues sur le moment sans grand recul. Lorsqu'au cours d'une séance, on est en mesure de décrire clairement ce que l'on fait et où l'on va, c'est qu'on reste en position d'évaluateur au lieu d'être un observateur participant. C'est probablement avec la participation que commence la thérapie et avec la réflexion qu'elle se termine.

À bien y penser cependant, il faudrait aussi écrire un chapitre contre-systémique dans lequel la technique classique n'aurait pas sa place. En effet, parfois, une relation sans artifices, des questions directes et des prescriptions sans détours débloquent des situations figées. Il s'agit, dans ces cas-là, de moments privilégiés, où le parler franc, chargé d'émotions authentiques, renforce l'alliance thérapeutique et favorise lui aussi le changement.

Le rôle de l'intuition

LOUISE LANDRY BALAS

> L'expérience implique une certaine somme de bévues.
>
> BAUDELAIRE

> La seule chose qui vaille, c'est l'intuition.
>
> EINSTEIN

LES DÉBUTS D'UNE CARRIÈRE de psychothérapeute sont semés d'embûches. Les formations de base mettent l'accent sur les aspects théoriques du savoir et ne préparent jamais assez bien pour l'action. Or, le psychothérapeute vit des interactions toujours nouvelles, toujours différentes avec des êtres qui demandent une aide pour réduire leur souffrance, qu'ils recréent d'ailleurs souvent eux-mêmes, sans le vouloir. À moins de se camper dans des approches dogmatiques pour y trouver des façons de faire prédéfinies, le jeune thérapeute réalise donc très tôt qu'il a encore beaucoup à apprendre et que son activité exigera de lui davantage sur le plan personnel que ne l'avait exigé sa formation.

Je me rappelle l'insécurité et les peurs que j'ai vécues pendant ces premières années d'apprentissage. Je me souviens aussi des émotions que j'ai ressenties lorsque mes interventions, plutôt que d'alléger un mal ou de calmer une situation envenimée, ne semblaient que les amplifier, tout en augmentant mon propre sentiment d'impuissance et d'échec. Dans de telles circonstances, nous blâmons trop souvent l'autre pour son manque de collaboration ou sa résistance, alors que nous savons que notre maladresse y est pour beaucoup.

Or, peu de thérapeutes avouent publiquement leurs échecs. C'est plutôt de leurs succès qu'ils parlent lors de congrès ou colloques. Une exception à cette règle est Mara Selvini Palazzoli de l'école de Milan, que j'ai eu la chance d'entendre au début de ma carrière, alors que je me débattais avec de tels problèmes et que je cherchais une façon d'être une bonne thérapeute. D'une franchise désarmante, Mara Selvini Palazzoli relatait les bévues autant que les « bons coups » qu'elle-même et son équipe avaient connus lors de thérapies familiales, alors qu'ils cherchaient à se familiariser avec la vision systémique, et tentaient, à leur façon, de l'appliquer à leur travail avec des familles « à transaction schizophrénique » (Selvini Palazzoli *et al.*, 1975). Sans fausse modestie ni gloire, elle présentait les erreurs comme des étapes essentielles à l'expérience et à l'apprentissage.

Cette confession a eu pour moi un effet libérateur. Laisser une place à l'erreur, tout en ayant le courage de la regarder en face ; oser expérimenter afin de découvrir sa propre façon de faire, tout en prenant en considération le savoir théorique et l'expérience reconnus : voilà le message principal que livrait cette thérapeute chevronnée.

À partir de ce moment, j'ai commencé à me fier à mes propres ressources, à y croire vraiment et à les utiliser pleinement dans les relations thérapeutiques. Plutôt que de continuer à chercher des solutions magiques dans des façons de penser ou de faire qui appartiennent à d'autres et avec lesquelles je ne me sentais pas à l'aise, j'ai pu m'ouvrir à ce qui se trouvait en moi ; *j'ai commencé à me faire confiance.* C'est dans ce contexte qu'a pu se développer ce qui m'apparaît aujourd'hui l'outil le plus précieux pour mon travail de psychothérapeute : l'intuition.

Qu'est-ce que l'intuition ?

On a souvent tenté d'expliquer ce qu'est l'intuition en l'opposant à la raison. On insiste généralement sur la supériorité de cette dernière, plus sûre dans son processus et donc dans ses conclusions, plus objective, et moins... féminine ! On nous a enseigné à ne nous fier qu'à la logique, que l'on considérait responsable des grandes découvertes scientifiques et technologiques des derniers siècles. On nous a même promis que ce serait d'elle et d'elle seule, de *la raison*, qu'on pourrait attendre une compréhension réelle des humains et de leurs relations.

Il n'est pas dans mon intention de reprendre la controverse en sens inverse. Je ne défendrai pas l'intuition contre la raison. J'aimerais plutôt contribuer à sa réhabilitation et à la reconnaissance de la complémentarité nécessaire entre raison et intuition dans l'appréhension du monde.

Ce que nous permet l'intuition, c'est une façon différente de connaître. On la définit comme « une forme de connaissance *immédiate* qui ne recourt pas au raisonnement » (*Le Petit Robert*), ou encore comme « la saisie *immédiate* et *globale* d'un objet de la pensée » (*Grand Dictionnaire de la psychologie*, Larousse, 1991, p. 404). Elle a une place de premier plan dans la créativité, que l'on associe à l'art, aussi bien que dans l'éclair de la découverte scientifique. Comme Einstein, Karl Popper, le renommé philosophe des sciences, a la conviction qu'« il n'existe aucune méthode logique favorisant les idées neuves, ni aucune reconstruction logique aboutissant à ces idées. Toute découverte comporte un élément irrationnel ou une intuition créatrice. » (Cité dans Selvini Palazolli *et al.*, 1975, p. 24)

La connaissance qui émerge de façon intuitive est immédiate, et c'est précisément ce qui la rend moins défendable, moins explicable, puisqu'on ne peut ni suivre le cheminement de la pensée intuitive, ni l'analyser. Paradoxalement, elle nous semble plus réelle, plus vraie que la compréhension obtenue par un processus logique. C'est ainsi qu'Einstein semble ne jamais avoir douté que sa théorie de la relativité générale, développée à la suite d'une intuition, serait confirmée un jour par les recherches scientifiques (Goldberg, 1986).

À cet aspect d'immédiateté se joint celui de globalité pour définir cet « acte complet ou total de la conscience qui est compréhension en même temps que contact » (*Encyclopaedia Universalis*, vol. 12, 1990, p. 524-527). L'intuition nous permet donc de saisir une situation complexe sans avoir à en comprendre tous les éléments constitutifs. Le savoir intuitif semble être une façon naturelle et immédiate de donner un sens à la complexité, de *voir* les relations difficilement perceptibles ou explicables par la logique, d'organiser un ensemble d'expériences d'une façon nouvelle et inattendue.

Sa pertinence dans le travail thérapeutique

Dans la relation thérapeutique tout se joue dans l'immédiat. Les êtres en présence se rassemblent en un système relationnel pour une durée très limitée et, lorsque prend fin l'entrevue, les sous-systèmes se reconstituent : celui du thérapeute d'une part, celui du couple ou de la famille d'autre part. Ce qui se passe entre ces deux moments est tout à fait imprévisible, à moins que des règles coercitives ne soient imposées qui tuent toute spontanéité, tout échange réel.

Les règles du système très éphémère qui se forme dans la rencontre thérapeutique s'établissent dès les premiers contacts. Dans l'entrevue avec un couple et plus encore avec une famille, le thérapeute, nécessairement minoritaire, doit souvent faire face aux efforts concertés de l'autre sous-système pour définir, d'après ses propres normes, cette nouvelle relation.

Le défi est de taille pour le thérapeute. En effet, si le sous-système familial réussit à imposer ses règles à la relation thérapeutique, cette victoire peut, dès le départ, déterminer l'*outcome* : le non-changement. D'autre part, l'imposition par le thérapeute de ses propres règles peut faire de lui le grand responsable de la thérapie, ce qui rend le changement tout aussi improbable. L'émergence de nouvelles règles basées sur le respect mutuel me paraît essentielle à toute bonne relation et plus spécifiquement à la relation thérapeutique.

Un exemple tiré de ma pratique montrera combien on doit être vigilant à ce sujet lors des premiers échanges.

> Je me rappelle bien la rencontre avec une famille dont la jeune adolescente sortait d'un programme de désintoxication. La thérapie, demandée par les parents, avait pour but l'apprentissage de relations nouvelles, après une période traumatisante pour tous durant laquelle la jeune fille était sous l'emprise de la drogue.
>
> Malgré mon expérience dans le travail avec les familles, j'avoue avoir été un peu intimidée par l'ampleur de la tâche. Je m'attendais à un long récit des difficultés que cette famille avait vécues durant les dernières années et, sans doute, à un échange lourd, bien loin des petits irritants de la vie. Quel ne fut pas mon étonnement lorsque, avant même d'avoir pris place, le père se mit à expliquer longuement leur retard d'une dizaine de minutes par l'insistance de sa fille à porter ses vieux jeans troués, ce avec quoi il était en désaccord. De toute évidence, elle avait gagné son point, soutenue tacitement peut-être par quelques membres de la famille dans son droit à la liberté d'action. Le père semblait vouloir m'allier à lui dans son jugement négatif du comportement vestimentaire de sa fille.

Nous nous étions à peine salués que je me trouvais déjà confrontée aux règles de ce système relationnel. On demandait clairement beaucoup plus de moi que de me situer sur un sujet aussi anodin que le port de pantalons troués lors d'une visite chez la thérapeute. Je sentais qu'on voulait déjà que je prenne position quant à l'autorité paternelle. J'eus une vision soudaine du plaisir que je procurerais au père ou à la fille en prenant position pour l'un contre l'autre. Voilà le guet-apens qu'on me tendait ! Sans mauvaises intentions, j'en suis sûre, mais bien plutôt par habitude, on voulait que je prenne place d'un côté ou de l'autre, dans une constellation familiale rigide, où la confrontation plutôt que la négociation et l'entente était la façon de régler les conflits.

Mon intuition m'a bien servie dans cette situation où il me fallait réagir rapidement. Comment, sans froisser personne, refuser le rôle d'experte dont le jugement placerait d'emblée l'un des protagonistes dans le camp des « corrects » alors que l'autre serait relégué chez les « pas corrects » ? Le reste de la famille semblait attendre ma réaction avant de se positionner en conséquence d'après les habitudes familiales.

Je m'en suis sortie en plaidant l'ignorance. En concédant au père qu'une telle règle pouvait exister, mais en lui signifiant également que je ne la connaissais pas, je ne lui donnais ni raison, ni tort. De même pour la fille. Je me suis empressée par la suite de confirmer toute la famille dans sa capacité à s'organiser ensemble pour venir à la rencontre, tout en évitant de faire quelque référence au retard ou à l'habillement. Pour cette fois, on était sortis de l'impasse !

C'est l'intuition qui m'a servie ici, en m'avertissant du fait qu'il se passait quelque chose d'important derrière un échange plutôt banal. Outil efficace, facilement utilisable, l'intuition permet donc au thérapeute de s'engager avec confiance dans la création du nouveau système et de laisser émerger à chaque fois des règles relationnelles différentes, pourvu qu'elles soient basées sur le respect. Le thérapeute saura ainsi éviter les écueils que lui tendra le sous-système familial dans ses efforts pour recréer avec lui, en thérapie, l'homéostasie familiale existante, puisque son intuition lui permettra de saisir rapidement la situation dans toute sa complexité. Il s'agit bien de la *saisir*, non pas d'en comprendre les détails, et c'est précisément grâce à cette vision immédiate et globale que l'on sait se situer dans toute nouvelle relation.

Dans mon travail avec cette famille, j'ai bientôt appris que les parents, devenus adultes dans les années soixante, s'étaient identifiés au mouvement hippy de cette période, rejetant comme contraignante la notion même de règles de comportement. L'adolescente, dans sa façon de s'habiller, et peut-être même dans sa longue fréquentation avec le monde de la drogue, n'était-elle pas le reflet de cette philosophie de vie, qui met l'accent sur la liberté au détriment du bon fonctionnement de la collectivité ?

La famille tout entière se mit bientôt à illustrer, par son comportement, cette vision de la liberté. En effet, le retard du premier jour se répéta à différentes reprises et il y eut même l'oubli total d'une session, par cinq personnes ! J'eus donc à aborder ce problème, puisque le développement d'une relation de respect me paraissait mis en péril dans de telles circonstances. J'avais l'impression qu'à défaut d'avoir pu créer avec moi une alliance qui aurait légitimé l'antagonisme existant à l'intérieur de la famille, le père me remettait l'autorité et je devais ainsi faire face au groupe familial qui faisait exceptionnellement front commun.

Je me trouvais de nouveau dans une situation difficile. D'une part, il me fallait ébranler la conviction bien établie dans cette famille que le droit à la liberté justifie tout comportement. Ce faisant, je devais cependant, d'autre part, éviter d'être celle qui impose un comportement — ici la ponctualité —, puisque les membres de la famille pourraient facilement se convaincre que leur liberté était menacée, liberté qu'ils n'étaient pas prêts à sacrifier, même dans un but thérapeutique.

En se rappelant l'interaction de la première entrevue, le lecteur aura déjà compris toutes les contradictions de ce système familial. Car, bien sûr, toute interaction est gérée par des règles. Comment pouvais-je amener ce groupe à saisir qu'en niant l'existence de ses règles relationnelles, il s'empêchait de les changer, de les adapter aux situations toujours nouvelles ? Il s'agissait plutôt d'un mythe de la liberté qui les emprisonnait dans des façons de faire souvent inadéquates.

Il me paraît pertinent d'insister ici sur le fait que l'intuition se nourrit dans l'interaction. La créativité s'exprime toujours dans un contexte qui tout à la fois l'alimente et lui impose des limites. Il ne s'agit donc pas pour le thérapeute de s'accorder la liberté de dire n'importe quoi, à n'importe qui, dans n'importe quelle circonstance. Il s'agit plutôt pour lui d'être pleinement ouvert à ses perceptions afin de saisir tout ce qui se joue dans l'interaction avec l'autre ou les autres, de reconnaître la voie ouverte à la créativité, ainsi que les balises à l'intérieur desquelles celle-ci peut s'exprimer.

De Gregory Bateson nous avons appris l'importance de voir « *the pattern which connects* » (Bateson, 1976), et c'est peut-être précisément cela que nous pouvons saisir par le savoir immédiat et global qu'est l'intuition. Présente tout au long de l'entrevue, elle permet de reconnaître les divers niveaux de communication, tout en permettant au thérapeute de participer activement aux échanges. Elle l'informe à tout moment du confort ou de l'inconfort qu'il ressent et lui donne ainsi la possibilité de se réajuster à la situation toujours changeante. Parmi les multiples filons que pourrait suivre le thérapeute, la pensée intuitive peut le guider vers le plus prometteur plutôt que de le laisser se perdre dans des voies sans issues.

C'est le recul donné par le temps écoulé qui me permet d'analyser ainsi cette situation aujourd'hui. Lorsque je la vivais, c'est intuitivement que j'en percevais les enjeux. Dans l'action, je mesure la nécessité d'agir ou la justesse de mes interventions par mon confort ou mon inconfort et par la réaction des autres membres du système relationnel. Dans ce cas précis, j'ai décidé de remettre à tous les membres de la famille la responsabilité des sessions. Je leur ai dit que je respectais leur habitude de non-ponctualité et même leur absentéisme et que nous pourrions continuer ainsi aussi longtemps qu'ils assumaient le coût de toutes les sessions planifiées, même celles auxquelles ils auraient décidé de ne pas participer. Et je les ai laissé discuter de ma proposition sans intervenir. Ensemble, ils devaient assumer la responsabilité de leur décision quelle qu'elle fût. Ensemble, non pas dans l'antagonisme, mais dans la coopération.

Ils apprenaient donc à reconnaître un problème, à en discuter, à laisser émerger les meilleures solutions et à se créer des règles pour que ces solutions soient appliquées.

Ce fut le tournant le plus significatif dans le travail thérapeutique avec cette famille.

Les aspects les plus créateurs de l'acte thérapeutique proviennent sans aucun doute de la pensée intuitive. C'est elle qui dicte entre autres choses les métaphores les plus pertinentes pour la situation. Tant et aussi longtemps que j'ai voulu utiliser la logique pour *cons-*

truire des métaphores, je me suis fourvoyée. Je pouvais voir dans l'expression de mes interlocuteurs que l'anecdote ainsi créée ne les touchait pas. Devant ce peu de succès, j'ai cessé tout effort pour créer ainsi artificiellement des images inutiles. Et c'est alors que se sont mises à émerger de moi, de façon tout à fait inattendue et spontanée, les anecdotes les plus cocasses et pourtant les plus adéquates pour illustrer un point, pour recadrer une situation.

* * *

Cette expérience m'a permis de me familiariser avec ma propre créativité en tant que thérapeute. J'ai ainsi appris à *lâcher prise*, à *avoir confiance* en ce qui émerge d'une situation où l'on est réellement à l'écoute de l'autre plutôt qu'occupé à appliquer des techniques ou à trouver des solutions à sa place.

En tentant d'appliquer les méthodes des autres, même des thérapeutes les plus respectés, on s'empêche généralement de développer ses propres habiletés. Tout en admirant les façons de faire de Milton Erickson, Carl Whitaker, Mara Selvini Palazzoli, pour ne nommer que ces trois, on doit aussi reconnaître qu'à leur expérience et leurs techniques thérapeutiques s'ajoute une créativité inimitable qui est la marque du processus intuitif propre à chaque être.

Le seul obstacle à la découverte et au développement de cette faculté se trouve dans le manque de crédibilité que le thérapeute attribue à sa propre intuition. Éduqué sous l'emprise de la logique, il a appris non seulement à ne pas faire confiance à cette forme de connaissance, mais même à s'en méfier. C'est pourtant *dans l'intuition* que chacun peut trouver sa créativité et permettre à celle des autres d'émerger. Et c'est dans l'essentielle complémentarité de la logique et de l'intuition que se rencontrent les compétences nécessaires au changement (Ausloos, 1995).

Comment nous communiquons

Louise Landry Balas

Si la théorie de la communication de Gregory Bateson a connu dans les années 1970 un essor remarquable, c'est en partie grâce aux publications de l'école de Palo Alto. Ce groupe a en effet su saisir l'essentiel de la pensée de Bateson et la présenter d'une façon plus facilement abordable et surtout applicable que celui-ci n'avait su le faire. Aussi, lorsqu'on parle de cette théorie de la communication, c'est d'abord à Paul Watzlawick et à ses collègues que l'on fait référence.

L'importance de la communication

C'est à Bateson que revient sans contredit le mérite d'avoir reconnu l'importance capitale de la communication dans l'apprentissage, dans la connaissance, ainsi que dans les relations. Comme anthropologue d'abord, puis comme chercheur touchant à une grande variété de disciplines, il a porté un intérêt soutenu à ce qui se passe dans les systèmes relationnels, qu'il s'agisse d'une famille ou d'une société. Il en est venu assez tôt à la conviction « que la communication est le seul modèle scientifique qui nous permette d'expliquer les aspects physiques, intrapersonnels, interpersonnels et culturels des événements en un même système» (Bateson et Ruesch, 1988, p. 17). Pour connaître la nature du savoir, il propose qu'on s'éloigne des abstractions philosophiques, et qu'on s'intéresse à la communication, phénomène observable. C'est donc une épistémologie nouvelle que nous propose Bateson, une théorie de la connaissance basée sur la communication.

Dans *Une logique de la communication*, Watzlawick et ses collaborateurs ont présenté les fondements de cette théorie sous forme d'axiomes (Watzlawick, Helmick-Beavin et Jackson, 1981). Cette formule, malgré qu'elle n'ait pas eu l'heur de plaire à Bateson, a pourtant l'avantage indéniable de faciliter l'accès à des concepts que Bateson lui-même a eu quelques difficultés à élucider. Nous avons choisi d'intégrer ces axiomes à une réflexion plus large dans laquelle nous avons incorporé les aspects contextuels. Les cinq axiomes de la communication, tels que formulés par Watzlawick dans l'ouvrage ci-dessus cité, sont :

1. On ne peut pas ne pas communiquer.
2. Toute communication présente deux aspects : le contenu et la relation, tels que le second englobe le premier et par suite est une métacommunication.
3. La nature d'une relation dépend de la ponctuation des séquences de communication entre les partenaires.
4. Les êtres humains usent de deux modes de communication : digital et analogique. Le langage digital possède une syntaxe logique très complexe et très commode, mais manque d'une sémantique appropriée à la relation. Par contre, le langage analogique possède bien la sémantique, mais non la syntaxe appropriée à une définition non équivoque des relations.
5. Tout échange de communication est symétrique ou complémentaire, selon qu'il se fonde sur l'égalité ou la différence.

La communication façonne l'être

Dès notre conception, notre développement se fait grâce à un système de communication entre nos neurones dont la complexité ne cesse d'émerveiller les hommes de science. On sait maintenant que le développement du cerveau se poursuit après la naissance grâce aux interactions du nouveau-né avec son environnement. Une privation de stimuli à cet âge aura pour conséquence un cerveau moins développé.

Nous sommes donc façonnés dès le début de notre existence par nos rapports avec le monde qui nous entoure. Ce monde est constitué, d'une part, de tout l'environnement physique et, d'autre part, des personnes significatives, dont principalement la mère dans les débuts, puis le père et les autres membres de la famille. Ces personnes se situent elles-mêmes dans une culture ou dans plusieurs cultures qui ont contribué à faire d'eux ce qu'ils sont.

Il ne s'agit pas de ramener ici la question de ce qui est inné versus ce qui est appris ; il s'agit plutôt de réaliser que les apprentissages contribuent grandement à nous façonner, grâce aux communications constantes et multiples que nous avons avec notre environnement.

Cette vision du développement du cerveau et de la connaissance chez l'enfant constitue une épistémologie qui détermine l'action. En effet, si je crois que le cerveau de l'enfant est formé par ses interactions avec le monde qui l'entoure, mon rôle de mère et d'éducatrice se dessine tout autrement que celui qu'adoptaient nos parents et grands-parents, pour qui l'enfant était plutôt comme un jeune arbre, auquel on doit nécessairement attacher un tuteur pour éviter qu'il ne « pousse tout croche ». Leur rôle d'éducateurs se restreignait souvent à donner à l'enfant une direction à suivre dont il ne devait pas dévier. Dans cette optique, même les punitions corporelles servent d'outils « à l'éducateur » qui n'a pas à se poser de questions sur l'effet de ses propres actions, le but étant défini d'avance. Il n'a pas non plus à entendre ce que l'enfant tente de lui dire par ses mots ou ses gestes, car ces réactions d'enfant font justement partie de ce qu'il faut corriger ! Lorsque l'on adopte une telle philosophie de l'apprentissage, le seul questionnement considéré comme pertinent face à un enfant dit difficile est : « Comment le mater ? » La réponse se résume généralement à ceci : « Avec des punitions plus sévères. »

Dans une épistémologie systémique, où la connaissance est fonction des interactions, l'éducateur ne peut plus s'exclure du processus ou *se cacher* derrière son rôle. Pas plus qu'il ne peut appliquer une méthode avec la certitude qu'elle est la bonne, puisque, d'une part, toute relation est fonction des êtres qui la composent et est donc absolument unique et, d'autre part, que l'apprentissage se fait dans l'interaction. Les questions qui se posent alors sont d'un tout autre ordre et elles visent autant les *agir* et les *dire* de l'adulte que ceux de l'enfant. Elles s'énoncent plutôt ainsi : « Qu'est-ce que le comportement de l'enfant me dit ? Comment est-ce que je contribue, dans mes interactions avec lui, à ce qu'il se comporte de telle façon ? Qu'est-ce que je lui donne, moi, comme message ? »

Causalité linéaire et causalité circulaire

Ce qui distingue ces deux scénarios, c'est la vision profondément différente de la causalité que porte en lui chacun de ces éducateurs. La *causalité circulaire* permet de voir que le comportement de l'un a pour effet celui de l'autre, qui agit à son tour sur l'agir du premier, à l'intérieur d'un cercle dont il est généralement impossible de connaître le début et la fin.

On préfère souvent limiter le sens qu'on donne aux événements à une explication basée sur la causalité linéaire. Il est en effet rassurant de se dire : « Si ceci est arrivé, c'est à cause de cela ou c'est la faute de celui-ci. » L'explication linéaire du type : « A est la cause de B » a certes de grands avantages. C'est elle qui a permis à l'homme d'étudier et de comprendre nombre de phénomènes du monde physique. Depuis Descartes jusqu'à la seconde moitié de notre siècle, cette vision a dominé la recherche scientifique : on s'efforçait d'isoler certains aspects de la réalité en petites unités observables en ayant la conviction que, après avoir trouvé les causes de chacune, on pourrait rassembler le tout et avoir ainsi l'explication du phénomène dans son ensemble. Les innombrables découvertes scientifiques qui ont marqué les derniers siècles ont été rendues possibles grâce à une telle approche.

On doit cependant se rendre à l'évidence : cette façon d'analyser les phénomènes du monde physique ne peut être appliquée aux êtres vivants. Si l'on veut parvenir à une réelle compréhension de leurs systèmes, on doit inclure les interactions, ce que permet la causalité circulaire.

Il devient donc évident, à la lumière de ce qui précède, que l'étude de la communication est beaucoup plus complexe que ne l'est celle des phénomènes du monde physique. Isoler un acte de communication de l'interaction dont il est partie intégrante lui enlève tout son sens, d'autant plus que tous les comportements humains ont une valeur communicative.

L'impossibilité de ne pas communiquer

La simplicité de cet énoncé est trompeuse. Il faut s'y arrêter un moment pour comprendre pleinement sa logique, qui peut être formulée comme un syllogisme reposant sur deux prémisses dont l'évidence ne saute pas aux yeux.

Tout comportement est une communication.
Or on ne peut pas ne pas se comporter.
Donc, on ne peut pas ne pas communiquer.

La première prémisse est sans doute la plus étonnante pour la plupart d'entre nous qui ont tendance à croire que, d'une part, il doit y avoir intention pour qu'il y ait communication et que, d'autre part, le mode verbal constitue l'essentiel de l'échange chez les humains. Une clarification est nécessaire: la communication est comprise ici dans le sens du *transfert d'information*. Nous nous intéressons aux processus qui ont trait à l'émission et à la réception de *messages*. C'est dans ce sens que nous pouvons affirmer que tous les comportements ont valeur de message, qu'ils contiennent de l'information, et ce, indépendamment de l'intention de l'émetteur ou du receveur potentiel.

Le mode verbal ne véhicule qu'une infime partie de l'information entre les êtres, mais nous sommes généralement plus conscients de notre *dire* que de notre *agir* et nous aimons croire que nous contrôlons sciemment le sens de l'information qui émane de nous. C'est pourquoi nous avons tendance à exagérer la portée de l'aspect verbal de nos communications par rapport au non verbal. Pourtant chacun de nous sait mesurer l'importance de la gestuelle, du ton et des silences des autres.

La deuxième prémisse exprime l'impossibilité de ne pas se comporter. Le comportement n'a pas de contraire: il n'existe pas de moment de notre vie où nous n'agissons pas, même si cet agir peut être perçu comme passif. Pensons, par exemple, à la relation avec un nouveau-né qui exige une lecture presque continuelle de ses comportements et dont même le sommeil le plus profond affecte la jeune maman, puisqu'elle reçoit là le message réconfortant du bien-être de l'enfant.

La conclusion logique de ces deux prémisses est donc simple: *on ne peut pas ne pas communiquer.*

Communication digitale et communication analogique

Bateson a longuement étudié le phénomène de codage dans la communication humaine. On entend par codage la traduction intérieure des événements extérieurs. Dans le processus de perception, nos sens sont stimulés par divers aspects de ce qui nous entoure. Un processus complexe de transformation est alors enclenché : nous recevons de notre environnement l'information pertinente pour pouvoir interagir avec lui.

Deux types de codage semblent être principalement utilisés par l'homme dans ses interactions avec le monde qui l'entoure : le *codage digital* et le *codage analogique*.

Le phénomène de *codage digital* nous est particulièrement familier depuis l'arrivée des ordinateurs dans notre quotidien. Malgré la complexité des opérations requises, les avantages de ces systèmes informatiques sont nombreux et de plus en plus évidents. La précision, la souplesse et la capacité de traiter une très grande variété d'informations sont dues au fait que les événements extérieurs sont codés « en des termes qui correspondent à leurs relations arithmétiques » (Bateson et Ruesch, 1988, p. 196).

Grâce au langage, avec sa forme de codage digital, l'homme a la possibilité d'étendre infiniment l'éventail de ses communications puisqu'il lui est possible d'exprimer la négation, l'abstraction et même la complexité. L'avènement et le développement de la civilisation dans son sens le plus large sont impensables sans le langage.

Une autre forme de codage existe cependant parallèlement dont nous n'apprécions pas assez l'importance. C'est le *codage analogique*, qui utilise toute une panoplie de comportements incluant la posture, l'expression, la gestuelle et l'intonation. La compréhension de ce type de message se fait grâce à la relation d'analogie qui existe entre ce qui est perçu à l'extérieur et ce qui est vécu à l'intérieur. Si elle n'offre pas les avantages de clarté, de précision et de souplesse de la communication digitale, la communication analogique a cependant un rapport plus direct avec ce qu'elle représente. Toutes les expressions émotives peuvent être rapidement saisies, comme le démontre l'effet des photos-chocs sciemment utilisées par les journaux à sensation pour provoquer des réactions fortes et immédiates chez le public, ce que ne saurait faire le langage.

« Selon Bateson, le développement du langage digital n'a pas eu pour fonction de remplacer le langage analogique. Ces deux formes de langage remplissent en parallèle des fonctions différentes.» (Pauzé, 1996, p. 149)

Le contenu et la relation

Dans une conversation en tête-à-tête ou dans une réunion d'affaires, à la maison ou au bureau, chaque fois que l'on a un échange avec quelqu'un, l'interaction comporte deux aspects: le premier a trait à un certain *contenu* et le second à la *relation* des interlocuteurs entre eux. En effet, c'est toujours dans le contexte d'une relation que l'on s'entretient d'un sujet donné. La façon dont chaque interlocuteur s'adresse à l'autre ou aux autres transmet de l'information sur la relation qui existe entre eux. Par exemple, on peut exprimer son accord ou son désaccord sur un projet, même à son patron, mais on y mettra probablement beaucoup plus de tact et de doigté que si l'on s'adressait à un collègue.

Le contenu d'un échange est donc *enveloppé* dans le lien relationnel, c'est-à-dire que tout message s'accompagne d'un *guide* indiquant à l'interlocuteur comment cette information doit être reçue. Dans le langage courant, nous faisons souvent référence à ces deux aspects: «Ça n'est pas ce qu'il m'a dit qui me dérange, c'est son ton!» Voilà une phrase fréquemment utilisée qui, en plus de démontrer une compréhension des deux facettes d'un message, indique bien l'importance de l'aspect relationnel par rapport au contenu.

Généralement, le contenu d'une communication est exprimé par le langage, donc sous forme digitale, alors que l'aspect relationnel, exprimé par le ton, l'expression, la gestuelle, a une forme analogique. On peut dire que ce second aspect est un commentaire sur la relation et qu'il se situe donc à un niveau logique supérieur à l'information factuelle.

Les niveaux logiques dans la communication

La théorie des types logiques énoncée par Whitehead et Russell dans leur ouvrage publié au début du siècle a longtemps fasciné Bateson qui y a vu une façon de comprendre les paradoxes et contradictions dans la communication. Un des axiomes essentiels de cette théorie s'énonce comme suit: «Ce qui comprend tous les membres d'une collection ne peut pas être un membre de cette collection. » (Watzlawick, Weakland et Fisch, 1981, p. 24)

En quoi cet énoncé est-il pertinent pour une compréhension de la communication ? En ce que les règles qui gèrent les éléments d'une interaction ne s'appliquent pas à l'ensemble de l'échange. « Lorsque l'on a affaire à des *éléments* particuliers qui sont membres d'un *ensemble* d'éléments, il est absolument impérieux de distinguer le discours qui concerne les éléments individuels de celui qui concerne l'ensemble, la globalité des éléments. » (Wittezaele et Garcia, 1992, p. 72) Si nous tentons de communiquer par divers niveaux à la fois, nous créons inévitablement de la confusion. Ceci se passe quotidiennement dans nos interactions et se révèle souvent comme l'un des facteurs principaux créant les incompréhensions qui minent et parfois même détruisent nos relations.

Un exemple nous aidera à saisir toute la signification et l'importance de cet axiome. Un couple est en train de choisir les couleurs d'un appartement à décorer. Le mari refuse à plusieurs reprises les propositions de sa conjointe, ce qui amène la femme à écarter plusieurs couleurs, et ce, jusqu'à ce qu'elle en arrive à la conclusion qu'il n'aime aucune des couleurs qu'elle lui a proposées. Elle l'encourage alors à faire lui-même des suggestions. En vain. « Tu n'aimes donc aucune couleur ? » lui demande-t-elle, confuse. Il répond sans conviction, par un vague ni oui, ni non qui n'éclaircit en rien l'affaire.

Tant et aussi longtemps qu'on en demeure à ce niveau dans la communication, la confusion et l'incompréhension vont aller en s'amplifiant, car la règle qui gère cette interaction s'énonce grosso modo comme suit : « Nous faisons ensemble un choix de couleurs. » Cette règle implique que les éléments de l'échange entre les conjoints doivent être en rapport avec elle. Le comportement du mari semble donc rejeter la règle elle-même.

Pour sortir de l'impasse, on doit passer à un autre niveau de communication et parler de la classe même de comportements dont *choisir les couleurs* n'est qu'un élément. C'est d'ailleurs à ce sujet que l'homme semble avoir voulu communiquer, sans s'exprimer toutefois clairement. Ses messages portent sur la classe elle-même et non sur un de ses éléments, alors que le discours de sa conjointe se situe justement à l'intérieur de cette classe. L'un ou l'autre peut clarifier la situation : lui, en avouant par exemple qu'il n'a pas le goût d'être impliqué dans la décoration, ou encore elle, en lui demandant par exemple : « Alors, tu ne veux pas qu'on change la couleur de la chambre ? » L'échange qui s'ensuit n'a plus trait à une sélection de coloris, mais englobe cet aspect dans une question plus générale : « Y a-t-il lieu de décorer, qui sera impliqué et comment ? »

La plupart des gens saisissent intuitivement ces difficultés dans la communication. Ils sont dérangés par les sauts illogiques d'un niveau de communication à l'autre dans une conversation, mais ils arrivent mal à identifier ce qui rend l'échange troublant. Pourtant, combien de fois n'entend-on pas dans une conversation une personne dire à une autre : « Mais ce n'est pas de ça que je parle ! » Cette phrase elle-même est un commentaire sur l'interaction qui a précédé et se situe donc à un niveau supérieur à celle-ci. On emploie le mot *méta-communication* pour désigner l'échange qui se situe à un niveau supérieur. *C'est une communication sur la communication.*

Le contexte comme toile de fond

Lorsque je suis en interaction avec une autre personne, chacune de nous est très activement occupée à coder ses propres messages et à décoder ceux de l'autre. Si le processus physiologique par lequel cette *traduction* s'opère est commun aux êtres humains, ce qui en résulte est immensément personnalisé, en ce sens que la traduction que nous faisons de la réalité est toujours teintée par nos expériences antérieures, celles qui ont fait de nous ce que nous sommes.

Comment expliquer — si ce n'est par des contextes différents — qu'une femme ait une réaction de colère lorsque son mari rentre à la maison en état d'ébriété, et qu'une autre soit plutôt amusée ? Les messages émis par des comportements similaires sont reçus par chacune d'elles comme des informations tout à fait différentes, car l'expérience personnelle de chacune est la *toile de fond* sur laquelle se pose l'information : « mon mari a bu », et qui lui donne son sens.

Un ensemble complexe

On n'insistera jamais assez sur cet aspect de la communication : le contexte représente un ensemble de facteurs de première importance, qui influence de façon décisive la valeur que chacun donne à toute information qu'il reçoit. En effet, « le système de valeurs et le système de codage sont des phénomènes inséparables» (Pauzé, 1996, p. 69), de telle sorte que nous transformons doublement la réalité hors de nous: le simple fait de *décoder* implique nécessairement le fait de donner une valeur à ce que l'on perçoit.

L'exemple donné plus haut peut nous aider à comprendre la complexité de ce que nous appelons le *contexte.* On définit le contexte comme l'«ensemble des circonstances dans lesquelles s'insère un fait» (*Le Petit Robert*). Mais quelles sont ces circonstances? Suffit-il de s'en tenir aux facteurs qui entourent immédiatement l'événement analysé? Dans la situation du mari qui rentre ivre à la maison, serait-il suffisant de s'intéresser à ce qui a précédé de peu la prise d'alcool du mari? Dans le premier cas, le couple s'est peut-être disputé et le mari est sorti en colère, alors que dans l'autre, il est simplement resté avec des amis pour boire un verre. Bien sûr, ce contexte immédiat n'est pas sans importance, mais nous savons aussi qu'en lui ne réside pas forcément la clé permettant d'expliquer des réactions extrêmement diverses lors de situations analogues. Les facteurs contextuels qui peuvent entrer en jeu ici sont multiples et complexes. Ils ont trait aux histoires personnelles de chacun, à l'histoire de la relation, à la culture dans laquelle l'événement se joue et, bien sûr, aux circonstances immédiates entourant la situation.

Puisque la codification de tout message est un événement personnel où peuvent entrer en jeu de si nombreux aspects de l'histoire d'un individu, doit-on s'étonner que la communication soit si souvent ardue entre les humains? Entre le message que l'un codifie et émet et le décodage de ce message à l'intérieur de l'autre, d'énormes distorsions peuvent survenir. Lorsque la réponse prend forme et est émise à son tour, le même processus se répète, multipliant ainsi les possibilités d'incompréhension et de malentendus.

C'est ici que la culture joue un rôle de grande importance. Chaque groupe culturel crée en effet des normes, qui servent de balises à l'individu lorsqu'il interprète les informations qu'il reçoit. Les normes culturelles constituent donc une partie extrêmement décisive du contexte de toute communication. Elles assurent, dans une communauté, le partage d'une interprétation commune relative à certains aspects de la vie. C'est par elles, entre autres, que se définissent les *rôles formels* que les humains jouent les uns par rapport aux autres et les règles qu'ils adoptent pour gérer leurs interactions.

Prenons simplement comme exemple la façon de se saluer. Au Québec, on se dit « Bonjour » et, de plus en plus fréquemment, on se donne la bise sur les deux joues alors qu'aux États-Unis un « Hi » quelque peu familier semble adéquat dans la plupart des situations. En Allemagne, il serait bien mal vu de ne pas se donner la main, à moins qu'il ne s'agisse de rencontres très informelles. Lorsqu'on passe un certain temps dans un pays dont la culture est différente de la nôtre, ce n'est pas seulement une nouvelle langue qu'on a à apprendre, c'est aussi tout un code culturel.

Rôles formels et informels

Nos principales relations sont déterminées dès notre naissance par des liens biologiques. Ces liens s'actualisent par des fonctions, des responsabilités et des obligations que l'on désigne généralement par le mot *rôle*. Le rôle de mère, de père, de fils, de fille impose à celui qui le porte certains types de comportements, comme celui pour les parents par exemple d'assurer la sécurité et le bien-être de l'enfant. Assignés d'abord par la nature, les comportements rattachés aux rôles sont en grande partie définis par la société ou le groupe dont on fait partie.

Au fur et à mesure que nous développons des capacités essentielles à l'interaction, de nouveaux liens se forment. Nous en venons ainsi graduellement à assumer un nombre croissant de rôles : nous devenons par exemple l'amie de l'une qui est, elle aussi, notre amie ; l'élève d'un autre qui est, lui, notre professeur, et ceci en plus d'être déjà la fille, la sœur, la nièce, la petite-fille de différentes personnes, qui sont reconnues comme nos parents, notre frère, notre tante, nos grands-parents. Plus tard, nous devenons employé et avons un patron, locataire lié à un propriétaire, collègue, etc. Le terme de *rôle* implique toujours une réciprocité.

Lorsque des liens entre individus sont explicitement reconnus et que les obligations et responsabilités mutuelles sont surtout déterminées par la coutume ou par des ententes réciproques, on peut alors parler de *rôles formels*. Dans une société ouverte et souple, la définition des rôles ne fait qu'établir les balises du comportement, afin d'assurer le bon fonctionnement de la communauté. Il en va tout autrement dans les cultures où la rigidité des lois et des coutumes transforme les rôles en carcans qui entravent toute liberté personnelle, toute individualité. La plupart des sociétés se situent entre ces deux extrêmes. Dans tous les cas, une partie importante de l'éducation consiste à enseigner les règles culturelles qui définissent les multiples rôles que chacun a à jouer.

Sur les contraintes de ces rôles formels se greffe un autre type de comportements, adoptés eux sans règles prédéterminées, en réponse aux jeux d'alliance et d'opposition propres au système relationnel de chacun. On parle ici de *rôles informels,* tout autant définis par la relation qu'ils la définissent eux-mêmes. La réciprocité se retrouve donc aussi ici, en ce sens qu'il y a correspondance entre le rôle de l'un et celui de l'autre. Autoritaire-soumis, contrôleur-contrôlé, victime-bourreau, bouffon-spectateur, la liste pourrait s'étendre encore et on y reconnaîtrait la constante suivante : *un rôle, formel ou informel, se joue toujours dans une relation.*

Ce qui distingue les rôles formels et informels, c'est le fait que les premiers sont explicites, gérés par des règles généralement reconnues par les personnes concernées et par la communauté, alors qu'il est souvent difficile de reconnaître l'existence même des seconds. Implicites plutôt qu'explicites, les rôles de type informel, comme les règles qui les gèrent, sont souvent niés, à un point tel qu'il est souvent impossible d'en abandonner le jeu, même si l'on y ressent de l'inconfort. On affuble alors parfois l'autre d'un qualificatif tel que autoritaire, contrôleur, victime, mais, en détachant ces termes de leurs termes réciproques, on en retire l'aspect relationnel, on les transforme en des caractéristiques plus ou moins permanentes de l'individu. On perd ainsi de vue le fait que ces comportements que l'on décrit se présentent uniquement lors d'interactions avec des personnes qui, elles, tiennent le rôle réciproque.

Puisque rôles et règles sont également intimement liés, et qu'ils font partie tous deux de l'aspect contextuel de la communication, venons-en à présent au fonctionnement de ces règles.

Règles explicites et implicites

Que nous en soyons conscients ou non, la majorité de nos comportements, même ceux qui ne se rapportent qu'à nous-même, sont soumis à des règles. Si vous en doutez, imaginez l'activité aussi simple que celle de vous brosser les dents. En examinant votre propre comportement, il vous faudra sans doute reconnaître que vous avez adopté des habitudes qui ont force de règles, dans la mesure où vous êtes gêné si vous ne suivez pas votre rituel habituel. Si vous deviez l'abolir, une nouvelle habitude le remplacerait aussitôt.

Banal, l'exemple n'en est que plus vrai, car le quotidien se compose d'innombrables petits gestes que nous organisons en ensembles, gérés par des habitudes et des rituels. Un comportement devient une habitude dès qu'il est répété plusieurs fois dans des circonstances analogues. Ceci permet une épargne d'énergie considérable, puisque nous n'avons pas à décider à nouveau chaque fois comment faire les choses.

Ajoutons à ceci un degré de complexité. Comment vivre avec une ou plusieurs personnes sans avoir à négocier continuellement ? Et nous en arrivons à nouveau aux règles, plus complexes cette fois et plus difficiles à établir, à appliquer et à changer aussi, car la complexité augmente avec le nombre de personnes impliquées. Dans une nouvelle relation, une bonne partie des interactions ont trait à la mise en place de rituels de vie. Alors que des *règles explicites* pourront être ouvertement débattues avant qu'une façon d'agir ne soit adoptée, d'autres s'établiront subrepticement, à l'insu des membres de la relation, et elles seront d'autant plus importantes qu'elles géreront la relation elle-même : ce sont les *règles implicites*.

Un exemple nous aidera à comprendre cette différence. Dans l'échange que peut avoir un jeune couple sur la façon de distribuer les tâches ménagères, les rôles des conjoints l'un par rapport à l'autre peuvent bien être définis par une règle sous-entendue dont l'existence n'est consciemment reconnue ni par l'un, ni par l'autre. Cette règle peut être que la préparation des repas et la tenue de la maison sont l'apanage de la femme et que la contribution de l'homme à ces activités est un acte de grande générosité de sa part. À l'inverse de cette règle, et comme c'est souvent le cas pour la jeune génération, les tâches ménagères pourraient ne pas être considérées comme relevant d'un sexe en particulier. Quelle que soit la règle implicite, si elle fait l'objet d'un consensus entre les deux conjoints, ils sauront facilement s'entendre sur son application, c'est-à-dire sur les règles explicites qui géreront le quotidien. Mais lorsque les désaccords se répètent au sujet de détails, ce sont généralement ces règles implicites qui sont en cause. Pour avoir accès à celles-ci, il faut passer à un niveau logique supérieur, c'est-à-dire à la *métacommunication*.

Les interactions

Le champ de vision s'élargit lorsque nous nous intéressons à ce qui se passe dans les interactions plus longues. Tout échange est constitué d'une suite de messages provenant tour à tour de l'un et de l'autre des partenaires impliqués, de telle sorte que le dire ou l'agir de l'un est tout à la fois réaction au message précédent de l'autre et stimulus pour une réponse à venir de celui-ci. Lorsque l'on examine des séquences d'échange assez longues, on peut observer « que chaque élément est en même temps stimulus, réponse et renforcement » (Bateson et Jackson dans Watzlawick, Helmick-Beavin et Jackson, 1981, p. 52).

Relations symétriques et complémentaires

Dans les débuts de sa carrière d'anthropologue, Bateson a observé chez la tribu des Iatmul de Nouvelle-Guinée comment certains types d'interactions, s'ils se répètent continuellement, s'accompagnent d'une escalade progressive qui mène à la rupture. Il a donné le nom de *schismogenèse* à ce processus qu'il a pu relier à deux types de relations: les *relations symétriques* et les *relations complémentaires*.

Si cette découverte a pu se faire par l'étude des échanges d'une population spécifique, Bateson a voulu, par la suite, vérifier son applicabilité tant aux relations entre individus qu'à celles entre nations. Ces concepts ont ainsi pu aider à élucider des phénomènes tels que l'escalade de la violence dans une relation conjugale ou, à une autre échelle, la détérioration des relations internationales qui mène à la guerre.

La *relation symétrique* est une relation en miroir, c'est-à-dire que dans l'échange le comportement de l'un semble se calquer sur celui de l'autre. Si l'on y regarde de plus près, on réalise qu'il ne s'agit pas d'une imitation exacte, puisqu'il y a toujours surenchère. Comme dans toute compétition, chacun essaie de surpasser l'autre dans une activité de même type concernant l'interaction. Une bataille dans un bar est généralement la conséquence d'une interaction symétrique où l'un a provoqué l'autre qui a rétorqué par un comportement également provocateur. L'escalade a vite mené à l'explosion de la relation dans la violence.

La *relation complémentaire* se définit au contraire par la différence, quand ce n'est pas par l'opposition. Nous avons vu ce genre de relation en décrivant les rôles informels, qui sont effectivement très souvent de type complémentaire. À une attitude autoritaire, le partenaire répond par la soumission, ce qui peut créer un cercle vicieux où chacun répète son propre comportement, en l'amplifiant un peu à chaque fois. C'est ce qu'on retrouve dans la plupart des cas de violence conjugale : l'un des partenaires tombe de plus en plus dans le rôle de victime au fur et à mesure que la violence de l'autre augmente. Chacun à sa façon contribue ainsi à l'escalade.

Chacune de ces formes d'interaction mènera inévitablement à la rupture de la relation, si aucun correctif n'y est apporté, c'est-à-dire si l'autre type d'échange ne s'y intercale pas. Une relation saine semble se jouer en effet sur les deux registres, ce qui interrompt l'escalade, et permet dans la mesure du possible une ponctuation différente de l'échange. Vous connaissez sans doute des couples où chacun, à tour de rôle, semble reconnu par l'autre comme plus compétent dans certaines activités qu'ils partagent. Ailleurs, toujours dans leur relation, ils peuvent avoir développé une saine compétition. Complémentarité et symétrie ont donc tous les deux leur place dans l'échange.

Ponctuation des séquences d'échanges

Si, « pour un observateur extérieur, une série de communications peut être considérée comme une séquence ininterrompue d'échanges » (Watzlawick, Helmick-Beavin et Jackson, 1981, p. 52), il en va autrement pour les interlocuteurs qui eux, ont tendance à marquer la séquence des interactions, c'est-à-dire à lui reconnaître un début et à interpréter l'enchaînement à partir de ce début. C'est le phénomène de « la ponctuation de la séquence des faits », que Bateson décrit ainsi : « Dans une longue séquence d'échange les organismes intéressés, surtout s'il s'agit d'êtres humains, ponctueront de fait la séquence de manière que l'un ou l'autre paraîtra avoir l'initiative, ou la prééminence, ou un statut de dépendance ou autre chose du même genre. » (*Ibid.*, p. 53)

Il s'agit en fait d'une façon d'appliquer à l'interaction une explication linéaire. On recherche une cause ou plus souvent un coupable, ce qui permet à chacun de justifier le rôle qu'il prend par rapport à l'autre. Dans l'interaction d'un couple dominant-dominé par exemple, chaque partenaire se trouve confirmé dans sa position en donnant à l'autre la responsabilité du début de l'échange.

L'exemple le plus courant est celui de deux enfants qui se querellent. Si un adulte s'en mêle, chaque protagoniste tentera de s'en faire un allié, en disant que c'est l'autre qui a commencé la dispute, qui en est donc responsable. En prenant parti pour l'un contre l'autre, le parent accepte comme valide la ponctuation qu'un des enfants présente de la séquence d'échange. Position malheureuse, s'il en est une, puisqu'elle ne fait que renforcer les visions opposées des protagonistes et amplifier ainsi les divergences. Il serait sûrement plus pertinent d'aider les enfants à faire face à leurs responsabilités respectives concernant la relation, plutôt que de chercher des coupables en les laissant jouer les victimes.

La théorie de la double contrainte

Toute discussion sur la vision de la communication développée par Bateson serait incomplète si elle n'incluait le concept de la *double contrainte*. Décrite pour la première fois dans l'article *Vers une théorie de la schizophrénie*, paru dans le deuxième tome de *Vers une écologie de l'esprit* (Bateson, 1980), elle « fit l'effet d'une bombe dans les milieux de la psychothérapie. C'était la première fois que l'on affirmait que la schizophrénie pouvait être considérée comme un phénomène communicationnel et qu'elle était le produit des relations familiales. » (Wittezaele et Garcia, 1992, p. 165)

Bateson lui-même considérait que sa réflexion n'en était qu'au stade de l'ébauche et il aurait voulu en retarder la publication. Il a plus tard reconnu que la théorie, telle que d'abord présentée, comportait certaines faiblesses, et il a alors proposé que l'on tienne compte de toutes les personnes du système relationnel plutôt que d'identifier une seule *personne contraignante* et une *victime*. Malgré cela, le terme de *double contrainte* est resté ancré dans le langage de la psychothérapie et a même fait son chemin dans les expressions populaires. Il est donc important de clarifier ce que l'on entend réellement par *double bind* ou *double contrainte*.

Il s'agit essentiellement d'une communication paradoxale dans une situation de contrainte. Pour être plus précis, énumérons ses éléments constitutifs :

— au moins deux personnes en interaction ;
— une expérience qui se reproduit, c'est-à-dire qui n'est pas unique en son genre ;

— un message de premier niveau qui est en fait une injonction négative du type : « Ne fais pas ceci ! » ;
— un message simultané mais de niveau différent, qui est une injonction à agir de façon opposée à ce qu'exigeait le premier message ;
— l'impossibilité d'échapper à cette situation pour la personne à qui s'adressent ces messages.

L'exemple classique de la double contrainte est celui d'une mère qui repousse par sa gestuelle son fils, qu'elle enjoint verbalement de venir l'embrasser. Dans une telle situation, quoi qu'il fasse, il agit incorrectement, c'est-à-dire qu'il sera reconnu fautif. Une distinction s'impose entre une injonction simplement contradictoire et l'injonction paradoxale. Dans le premier cas, il est toujours possible de choisir une des solutions de l'alternative présentée, alors que, de par sa nature même, l'injonction paradoxale exclut la possibilité de choix, puisque toute réaction sera mauvaise. Si on y ajoute l'impossibilité de se retirer de la situation et l'obligation d'agir, l'interaction entière peut prendre les caractéristiques de la double contrainte, et se perpétuer en un *pattern* de communication souvent associé à la schizophrénie.

L'approche systémique se définit entre autres par sa vision d'une causalité circulaire plutôt que linéaire dans son explication des phénomènes touchant les organismes vivants. Il s'ensuit donc que la double contrainte dans les communications ne peut être vue que comme l'un des multiples facteurs ayant trait à la schizophrénie, et non pas comme sa cause.

* * *

Aussi intéressante que soit cette théorie de la communication, elle ne demeurerait qu'un exercice intellectuel si elle ne pouvait être appliquée à nos vies. Bateson, qui a tenté d'en vérifier la pertinence en l'utilisant dans l'analyse de situations les plus variées, espérait contribuer à des changements non seulement dans l'épistémologie mais aussi dans le comportement des individus et des groupes.

En adoptant cette vision de la communication, la responsabilité de chacun dans ses relations devient évidente. On en vient à se poser tout naturellement la question : « Comment est-ce que je contribue à ce qui se passe dans cette interaction ? », qu'elle soit conflictuelle ou non. Et c'est ce qui amène à une meilleure compréhension de l'impact que chacun de nous a dans toute communication. Au lieu de blâmer ou de chercher des coupables, il devient facile non seulement de reconnaître sa propre responsabilité dans le déroulement d'une relation, mais aussi d'informer l'autre de ce qui est acceptable et ce qui ne l'est pas. Il ne s'agit pas de se substituer à celui que l'on blâmait et de devenir à sa place le coupable, mais bien de voir l'apport de chacun dans ce mouvement circulaire qu'est la communication humaine.

La vision systémique de la communication a influencé de façon décisive la direction que j'ai prise en tant que thérapeute. Je me suis définie très tôt par mon intérêt pour l'interrelationnel plutôt que pour l'intrapsychique, le point de mire de mes interventions étant le comportement observable, verbal ou non verbal. Ce choix que j'ai fait voilà déjà longtemps m'apparaît de plus en plus pertinent dans un monde changeant, où les règles relationnelles sont prises dans un flux constant, amenant les êtres à faire et à défaire leurs relations, souvent sans comprendre leur propre agir.

Même s'il demeurait extrêmement sceptique vis-à-vis de la thérapie et des thérapeutes, Gregory Bateson nous a laissé un héritage des plus précieux. En cette fin du vingtième siècle, alors que nous vivons une explosion des technologies de la communication, nous nous devons de développer une connaissance et une compréhension des aspects fondamentaux de nos interactions et de ce qui s'y passe. Pour les intervenants en santé mentale, ceci est d'autant plus important que leur travail *se fait dans la relation*, et donc *dans l'interaction elle-même.*

Le respect de l'autonomie

Dr Suzanne Lamarre

J'ai choisi, dès mes premières années de formation en psychiatrie, de sauvegarder mon autonomie et de respecter celle des personnes avec lesquelles je travaillais ou qui me consultaient, et ce, dans divers contextes cliniques et administratifs. J'ai constaté que la poursuite de cet objectif provoquait, lors de la majorité de mes interventions, des réactions pour le moins inattendues et de l'incompréhension. C'est en voulant enseigner ce que je faisais que les théories systémiques m'ont été d'un grand secours. Je présenterai ici un modèle comportemental systémique que j'ai adopté dans les années 1980, et que j'ai appelé *le protectionnisme.* Je présenterai ensuite les théories de la communication et des ensembles qui m'ont aidée à expliciter mon approche clinique qui s'avérait bien différente des pratiques traditionnelles. Enfin, je proposerai quelques moyens d'intervention que j'utilise en psychiatrie d'urgence et de crise.

* Je remercie Christine Archambault pour ses précieux conseils lors de la rédaction de ce texte.

L'autonomie et les droits de la personne

Les réactions étonnées que suscitaient mes évaluations et interventions me paraissaient moins difficiles à assumer que les situations paradoxales dans lesquelles j'observais les autres intervenants s'enliser parce qu'ils négligeaient, dès les premiers contacts avec leurs consultants, la dimension du *respect de l'autonomie de chacun.* N'écoutant que leurs bonnes intentions et aspirant au bien-être de leurs patients et de leur famille, ils blâmaient souvent leurs patients d'être la cause de leur maladie ou de leurs difficultés !

Or, les relations thérapeutiques se détériorent dans ces conditions aux dépens de tous, et le problème peut même être porté à l'attention d'une autorité morale. Celle-ci reproche alors aux intervenants d'avoir contrôlé leurs patients et même d'avoir abusé du pouvoir qu'ils ont sur eux. Tout effort thérapeutique et tout sens du devoir passent alors inaperçus. On leur rappelle bien plutôt les droits à l'autogestion de leurs patients, droits qu'ils ont occultés.

L'ensemble protectionniste

Dans ce texte, j'utilise à dessein le terme *ensemble*, au sens de système, en référence aux ensembles tels que décrits en mathématiques, pour parler d'un ensemble d'éléments (ici des humains) qui se réajustent les uns par rapport aux autres pour le maintien de leur existence. Dans un ensemble, les valeurs, les comportements et les aspirations sont en effet reliés entre eux. Dans un ouvrage précédent, je les ai regroupés dans un tableau pour permettre leur identification, et je les ai répartis selon deux grands ensembles, celui de *la victimisation* et celui de *la coopération* (Lamarre, 1998a, p. 60-63). Un comportement en appelle un autre et se justifie d'après les valeurs et les aspirations véhiculées par les membres. On ne peut donc changer un comportement, une valeur de façon isolée : tout se tient.

En tant que clinicienne intéressée avant tout à l'autogestion de chacun, j'ai observé ces deux grands ensembles humains : celui de la coopération, dans lequel la protection du sujet repose sur ce que j'ai appelé la règle de respect de l'autonomie et de la vulnérabilité de chacun, et celui de la victimisation, dans lequel le plus fort doit protéger le plus faible, sans se préoccuper de l'autonomie des acteurs en jeu. C'est ce deuxième ensemble que j'ai appelé *protectionniste*, que je n'ai cessé d'observer dans mon travail de psychiatre depuis, et qui rendait ma tâche impossible avant que je ne le reconnaisse.

Je rappellerai brièvement les quatre éléments de ce *protectionnisme*, avant d'aborder le processus de victimisation que l'on observe très souvent dans diverses situations cliniques. (Pour plus de détails voir Lamarre, 1998b, p. 65-95 et Lamarre et Bélanger, 1994, p. 817-827.)

1) Le duo *protecteur/protégé* est constitué d'une part du protecteur, qui est l'agent du protégé, qui se donne le droit de décider et d'agir à la place de celui-ci, et qui se croit indispensable à sa survie, et, d'autre part, du protégé, personne juridiquement apte à décider par elle-même, qui donne à son protecteur, par ses comportements non verbaux, le pouvoir de décider et d'agir à sa place.

   Le protecteur tout comme le protégé peuvent être une personne, un groupe de personnes ou même constituer un ensemble institutionnel. Le protecteur, en position haute, se définit comme l'agent responsable du protégé et est confirmé dans sa définition par les agirs de ce dernier et par tout son entourage. Le protégé, forcé de prendre la position basse, va de la soumission à l'opposition à son protecteur et s'identifie à son statut de protégé sans entente préalable. De nouveaux protecteurs, des thérapeutes ou des amis, à la demande du protecteur ou du protégé, se joignent au duo initial pour tenter de sauver la situation et deviennent à leur tour des agents. Les personnes se suridentifient à leurs rôles respectifs ; elles développent des déformations de caractère qui les isolent encore plus dans leurs systèmes et dans leurs valeurs.

2) *La relation de pseudo-mutualité* ou *comme si* est une relation dans laquelle chacun s'enlise : l'évaluateur accorde la priorité à son plan de traitement ou d'intervention et n'hésite pas à utiliser des subterfuges pour faire *comme* s'il respectait l'autonomie du protégé.

3) *Elle est sujette aux éclatements relationnels :* les crises s'intensifient et se multiplient si l'un des protecteurs tente de sortir de la relation et elles suscitent l'ajout de nouveaux protecteurs qui augmentent le sentiment de confusion quant aux rôles, territoires et responsabilités pour chacun (on ne sait plus identifier qui fait quoi).

4) *Les moyens de maintien* de l'ensemble sont *les moyens de contrôle* que l'on connaît universellement, soit *le blâme* pour créer la honte et la culpabilité chez l'un et l'autre, et *la disqualification*, qui consiste

pour l'un et l'autre à se définir comme inapte à rétroagir de façon appropriée aux demandes qu'on peut lui faire. C'est l'incommunicabilité : chacun est perçu par l'autre comme sourd et détaché, muet ou hystérique.

L'autonomie et la victimisation

Dans ces *ensembles protectionnistes,* les protecteurs tentent de détourner l'attention sur des points précis, comme les comportements erratiques qu'ils attribuent à la maladie, à un manque de traitement ou encore à une médication inadéquate. Protecteurs et protégés, d'un accord tacite, essaient avant tout d'éviter l'éclatement définitif de la relation et l'abandon de l'un par l'autre même s'ils ne cessent de se menacer mutuellement de mettre un terme final à leurs échanges. Ils se retrouvent dans les urgences et les centres de crises lors de ces éclatements. Les intervenants s'intéressent alors à la maladie ou aux troubles de la personnalité du patient et continuent d'ignorer les processus de victimisation dans lesquels tous évoluent.

La victimisation telle qu'entendue ici peut se définir comme un rapport de contrôle dans lequel les personnes impliquées tentent de s'imposer entre elles ce qu'elles doivent penser, sentir ou faire, dans le but de se conformer aux prétendues attentes du milieu, en ignorant systématiquement la règle de respect de l'autonomie et de la vulnérabilité de chacun.

Même si les thèmes de *partenariat* et de *primauté de la personne* sont des thèmes à la mode depuis *La Politique de santé mentale au Québec*, publiée en 1989, l'ensemble protectionniste est d'après moi toujours aussi présent dans nos services de santé.

L'autonomie et la responsabilité

Il est évident que la victimisation n'est pas acceptable dans le cadre actuel de nos lois fondées sur *le respect de l'autonomie des individus.*

Dans nos milieux de traitement, nous avons accordé la priorité, jusqu'à présent, à la santé, la sécurité et le bien-être du sujet souffrant, en donnant aux thérapeutes le rôle du protecteur. Nous avons été préoccupés par les causes de la maladie, les causes bio-psychosociales, et avons voulu éradiquer la pathologie et la misère en agissant sur ces causes. Ce faisant, nous avons donné le rôle du protégé aux personnes que nous tentions de sauver. Pour renverser la vapeur, nous visons maintenant à les responsabiliser. Mais nous ne faisons qu'entrer dans un nouveau paradoxe. En effet, nous ne pouvons responsabiliser des gens responsables; nous ne pouvons que les traiter comme tels, et avouer notre erreur de les avoir rendus irresponsables, si c'est le cas.

Or, *autonomie*, *autogestion*, *responsabilité* et *participation aux règles* vont ensemble. Si nous voulons porter toute notre attention sur les moyens interpersonnels à utiliser dans des traitements respectant l'autonomie de la personne, nous devons faire appel aux théories de la nouvelle communication (Bateson *et al.*, 1981). Elles nous permettent, lors d'échanges d'information, de relier le sentiment d'intégrité des sujets à la nature de leur relation. En effet, lors d'une interaction, ce n'est pas seulement le contenu du message qui importe mais aussi le mode relationnel qui donne à chacun son rôle et son identité.

Il en résulte donc qu'il appartient à chacun de se donner un contexte relationnel qui lui permette d'agir en personne responsable. Pour ce faire, chacun doit veiller à se donner une mobilité lui permettant de rompre des relations victimisantes. Ceci suppose une autre culture, un autre ensemble de valeurs que nous mentionnions déjà plus haut, *la culture de la coopération.*

L'approche systémique et le changement

L'approche systémique en santé mentale n'est pas, selon moi, une autre technique thérapeutique. La conceptualisation qu'elle implique permet plutôt de comprendre ce qui se passe lorsque rien ne change malgré les essais thérapeutiques ou d'envisager ce qui peut apporter un changement réel (Watzlawick, Weakland et Fisch, 1981).

Les trois « manières » de cybernétique

À mon avis, trois étapes se sont succédé, dans la compréhension du maintien d'un ensemble ou de son changement.

D'abord, l'on s'est intéressé à la causalité circulaire des ensembles, en analysant les causes interagissant dans le maintien de l'ensemble. L'agent de changement pouvait observer le système et réussir à l'influencer de l'extérieur, en toute objectivité, croyait-on. Dans un deuxième temps, on a saisi que l'observateur ne pouvait être dissocié de ses observations et de son plan d'action. La majorité des cliniciens ont par exemple appris, lors de leur formation, à définir le problème selon l'analyse qu'ils font des pathologies de leurs clients. Ils tentent de résoudre le problème en s'attaquant à la maladie ou en installant un contexte de contrôle autour des personnes caractérielles sans se préoccuper de l'impact, sur l'agir des patients, des contextes relationnels mis en place. Les éclatements relationnels ou l'abandon du traitement viennent confirmer les diagnostics posés de troubles de la personnalité ou de familles dysfonctionnelles. Les intervenants ne remettent pas ou si peu en question leurs attitudes victimisantes et contrôlantes. On peut dire alors que les intervenants s'en tiennent à la première cybernétique ou à la cybernétique « première manière ».

La cybernétique « deuxième manière » consiste dans le fait que les cliniciens, soucieux de la bonne marche de l'intervention, prennent en considération non seulement leur grille d'analyse mais aussi leurs comportements vis-à-vis des personnes concernées par le problème. C'est l'indissociabilité de l'agent et de l'orientation de son projet de changement.

Enfin, la cybernétique « troisième manière » — comme je tiens à l'appeler — concerne l'intervenant conscient qu'il doit sauvegarder son autonomie s'il veut respecter celle des personnes qui attendent de lui un changement. Il se préoccupe d'abord et avant tout de l'impact qu'ont ses évaluations et ses interventions sur l'identité des personnes impliquées dans le problème. Il les reconnaît comme des personnes autogérées, pensantes, agissantes et responsables et voit à ce que lui-même soit traité ainsi. En d'autres termes, avec les moyens interactifs qu'il utilise, il s'assure d'éviter les processus de victimisation pour ne pas en arriver à des culs-de-sac relationnels.

Dans le but de cette cause finale (voir à ce propos Le Moigne, 1990) — en arriver à plus de marge de manœuvre pour tous —, je n'aspire pas, pour ma part, à faire des interventions familiales cherchant à modifier diverses mauvaises habitudes de la famille. Je vise plutôt, comme médecin psychiatre, à travailler dans un contexte de respect de l'autonomie de chacun qui permette à tous d'apprendre à se maintenir dans un tel contexte. Je veux donc garder une marge de manœuvre pour ne pas rester bloquée dans une impasse avec les gens qui me consultent. Je ne veux ni les abandonner à leurs difficultés, ni les rejeter en ayant fait d'eux des êtres encore plus passifs ou révoltés. Je suis par ailleurs convaincue qu'une personne évoluant dans des relations de contrôle est prise dans un contexte pathogène et non dans un contexte favorable à sa santé.

Aucun traitement n'est valable à long terme s'il est inscrit dans un cul-de sac relationnel rendant les personnes concernées de moins en moins aptes à s'autogérer et à se mobiliser.

Les changements dans nos moyens thérapeutiques et dans nos organisations

Nous ne pouvons plus rester isolés dans nos réseaux thérapeutiques, là où le modèle asilaire voudrait nous maintenir. La désinstitutionnalisation provient d'un passage de la culture protectionniste à la culture des gens autonomes, interdépendants et conscients de leur vulnérabilité, qui fait suite à la Déclaration universelle des droits de l'homme, votée en 1948. C'est cette déclaration qui nous oblige à passer d'une pratique hospitalière, de bureau, à une pratique orientée vers le milieu de vie des personnes consultantes. Nous devons maintenant traiter nos patients dans leur milieu. Ces nouvelles règles du jeu nous amènent à transformer radicalement nos modes d'intervention, en les intégrant aux réseaux et aux besoins de nos patients, et en abandonnant notre organisation traditionnelle de services. Il n'est plus possible pour le clinicien de s'isoler avec son patient.

En d'autres termes, le clinicien ne peut plus, par exemple, demander au milieu de compenser les gestes erratiques de son patient en le disant malade, sans réaliser qu'il met ainsi en place un contexte relationnel abusif. Ce n'est pas en hospitalisant ses patients et en leur faisant croire aux effets du traitement qu'il peut aider la majorité de ceux-ci qui doivent ensuite retourner vivre dans leur milieu. Nous pouvons considérer une psychothérapie comme nuisible si elle devient un refuge pour l'irresponsabilité du patient, même si le traitement est fait selon les règles de l'art. Les longues psychothérapies relèvent par ailleurs probablement en bonne partie de la grille d'analyse asilaire. Nous nous laissons trop souvent séduire par de beaux et longs traitements, et nous ne cherchons plus les causes contextuelles qui pourraient maintenir le sujet dans son état maladif, dont le traitement fait lui-même souvent partie.

Des causes initiales et circulaires à la cause finale

Le praticien qui tente d'appliquer la règle de respect de l'autonomie et de la vulnérabilité dans ses interventions risque d'être très souvent en porte-à-faux avec ses collègues et avec l'institution, qui, traditionnellement, évoluent dans la culture protectionniste.

En effet, le milieu hospitalier a développé des théories explicatives des comportements humains qui isolent le sujet de son contexte. Nous savons en général expliquer *pourquoi* une personne a des comportements erratiques à partir des expériences vécues dans son enfance ou encore d'une maladie actuelle, mais nous ne savons pas *comment* corriger cet apprentissage à partir des qualités émergentes d'une relation, et plus particulièrement de cette relation dont le clinicien est partie prenante. En voulant traiter, par exemple, chez son client, un trait de caractère pathologique ou une maladie qui l'empêche d'agir en personne responsable, l'intervenant risque de mettre en place un contexte pathogène. Cette personne ainsi classée, souvent à son insu, ne peut que se soumettre ou s'opposer à la définition que l'intervenant a d'elle et être maintenue dans un rôle de non-collaboration. Elle ne peut remettre en question le jugement de l'intervenant puisqu'elle se croit tenue de donner à cet autre, en position haute, le pouvoir de la dominer, puisqu'il définit les normes comportementales et les règles relationnelles. C'est l'aspect de la réflexivité dont parle Watzlawick (1991, p. 60).

L'intervenant qui décide des critères de la normalité et de la définition des pathologies et des règles à suivre n'aura pas de cesse qu'il n'ait prouvé que ses critères sont valables. Mais l'intervenant qui ne veut pas entrer dans ce cul-de-sac de la domination peut faire connaître son refus de fonctionner selon les règles relationnelles de la victimisation en refusant d'imposer unilatéralement ces règles. Il doit avouer tout simplement son incapacité à fonctionner autrement. Il devrait aussi veiller à participer à la transformation de la culture de son milieu de travail pour ne plus se trouver partagé entre son rôle de clinicien et l'appartenance à son groupe. Les moyens interpersonnels qu'il utilise, fondés dorénavant sur le respect des règles et des ententes — découlant elles-mêmes de la règle de respect de l'autonomie et de la vulnérabilité —, lui permettront progressivement d'intégrer sa pratique à ses discours sur le respect de la personne. L'*empowerment* des uns et des autres s'inscrit dans cette mentalité et dans la cybernétique « troisième manière », où la cause finale pour le gestionnaire du projet thérapeutique est le respect de l'autonomie de chacun et le maintien de sa marge de manœuvre.

Le double standard et la double contrainte

Dans la culture protectionniste, la relation fonctionne selon le double standard des relations entre les protecteurs et les protégés. C'est le rapport *comme si* dont nous avons discuté plus haut qui maintient les protagonistes dans un double lien. La personne qui est en position de dénouer un double lien pour éviter de devenir erratique est celle qui peut « métacommuniquer ». Pour métacommuniquer, il faut être en position de quitter l'ensemble si l'on ne désire pas participer aux règles qui le régissent.

La personne risque de rester coincée dans une double contrainte si elle doit à tout prix prouver qu'elle a raison plutôt que de reconnaître le paradoxe du « *damn if you do, damn if you don't* » de la double contrainte. Cependant, pour plusieurs personnes, quitter signifie fuir et est un signe de faiblesse plutôt que d'autoprotection. De plus, les valeurs reliées au respect de l'autonomie et de la vulnérabilité de chacun, comme je l'ai déjà mentionné, sont tout à fait différentes de celles appartenant aux ensembles régis par les règles du protectionnisme.

À la longue d'ailleurs, un aidant se retrouve toujours coincé dans un rôle contrôlant et même abusif, peu importe ses bonnes intentions. Celui qui n'a pas ces bonnes intentions est encore plus abusif et peut devenir rapidement sadique, car son premier objectif est de blesser ou de contrôler l'autre. Il ne ressent que peu de culpabilité, contrairement au protecteur abusif. Mais lorsqu'il ne reste que la culpabilité pour freiner les abus, il s'agit déjà de rapports interpersonnels fort destructifs.

Il importe donc pour l'intervenant de s'intéresser tout autant et simultanément au contenu des communications et à la relation établie entre lui et celui qu'il veut aider. Il est essentiel pour l'intervenant, dès les premiers contacts, qu'il établisse s'il entre dans un rapport liant deux personnes responsables ou une personne responsable et cette autre. Il peut ainsi veiller à ne plus s'enliser dans des relations pathogènes, en ne se laissant pas aveugler par le contenu.

Quelques moyens d'intervention

Je présenterai dans cette troisième partie des outils que j'ai acquis au cours de ma pratique psychiatrique, fondée sur le respect de l'autonomie de chacune des personnes concernées durant les interventions. J'insisterai plus particulièrement sur la nécessaire recherche des contextes pathogènes.

Les prémisses des interventions

La maladie ou les problèmes sociaux appartiennent à l'individu au sens où celui-ci est au centre du processus d'aide et qu'il doit devenir le coordonnateur des traitements ou des interventions dont il est l'objet. De ce fait, il devient partenaire à part entière de l'équipe traitante. Il ne peut plus seulement être l'objet des traitements et il ne peut plus s'isoler dans son problème. *La maladie ou sa misère deviennent des données collatérales*, elles ne permettent plus à la personne souffrante, à son réseau ainsi qu'à l'équipe traitante de les utiliser pour activer le processus d'aide. Ainsi, la maladie appartient à l'individu, et l'*infection relationnelle* (ou les relations pathogènes) appartient au groupe. De la même façon qu'il est contre-indiqué d'opérer un patient ayant une plaie infectée, il est aussi fort dangereux de vouloir traiter dans un contexte de relations perturbées toute maladie d'une durée indéterminée, et en particulier la maladie mentale d'une personne.

Le meilleur *antibiotique systémique* que j'aie découvert avec la pratique est celui de l'appropriation par chacun de l'art d'évoluer, dans un contexte où la règle de respect de l'autonomie des individus est ou devient la supra-règle. Cette capacité reconnue à l'individu lui confère le choix de quitter tout milieu qui ne peut ou ne veut pas adhérer à cette règle.

Dans les débuts de la thérapie familiale, on a accordé beaucoup d'importance à la fonction du symptôme dans le système pour s'intéresser plus tard au « symptôme de la fonction » (Ausloos, 1995). J'ai vite appris à me rallier aux définitions de l'état maladif données par l'entourage du patient pour éviter des escalades lors des analyses des personnes, des symptômes et des situations. Au lieu de lancer le débat sur l'existence ou l'absence de maladie réelle, je clarifie les territoires et les responsabilités de chacun, de façon à redonner à la personne malade la gestion de son traitement.

En d'autres termes, la maladie et son porteur ont leur place et la disparition de la maladie ou l'exclusion du malade ne deviennent plus les seules solutions aux difficultés rencontrées.

Toutes les personnes concernées doivent reprendre leurs projets personnels, sans attendre que le malade ne soit plus malade, en rendant les menaces d'abandon à l'égard de celui-ci invalides. Il ne s'agit pas seulement d'informer l'autre de ses limites mais aussi du *possible* de la relation en redéfinissant les limites personnelles de tous, grâce à cette notion de territoire à protéger par chacun. Dans ces conditions, la maladie ne permet plus de faire agir et n'est plus la seule porte de sortie d'une situation difficile. C'est dans les tout premiers contacts avec le malade et son milieu que ces règles doivent être installées.

Enfin, il faut passer à la culture de la coopération si l'on veut mettre fin aux processus de victimisation (pour les valeurs et les comportements définissant ces deux cultures, voir Lamarre, 1998a, p. 60-63). La question principale lors des interventions est donc : « Dans quel modèle relationnel et organisationnel évoluons-nous ? Vers où allons-nous dans nos interactions ? Vers plus d'autogestion pour chacun ou vers plus de contrôle des uns sur les autres ? »

En refusant de se victimiser mutuellement, on ne peut que choisir la coopération, où chacun veille à sauvegarder son autogestion et son intégrité, en assumant les conséquences de ses choix, et en créant un contexte pour personnes responsables. Quant aux personnes que nous jugerons incapables d'assumer leurs choix, elles devront faire l'objet d'une entente officielle, comme la mise en tutelle ou la mise en cure fermée, pour confirmer le fait qu'elles sont inaptes à se protéger et pour éviter ainsi les contextes pathogènes de pseudo-mutualité.

Le dénouement de la relation protectionniste

La relation protectionniste est le modèle le plus fréquent de la victimisation. L'intervenant sait qu'il participe à un tel processus lorsqu'on l'interpelle de plus en plus pour apporter des solutions aux crises qui se multiplient. Au lieu de se maintenir dans un processus de victimisation en cherchant un coupable, l'intervenant *sollicité* organise une rencontre de toutes les personnes concernées, que j'appelle la rencontre de concertation des personnes concernées (la RCPC). C'est bien plus qu'une rencontre de l'équipe multidisciplinaire, c'est la rencontre de tous les partenaires devenus pour l'instant des adversaires. On a pris l'habitude d'attribuer l'origine du processus de scission du groupe d'aide à la personne traitée et à sa personnalité *borderline*[1] ou à la famille dysfonctionnelle. Les diagnostics de ce genre, qui sont devenus très populaires, restent descriptifs et ne donnent aucune piste de solution. Ils maintiennent dans le *pourquoi* du manque de solutions.

Pour que des solutions émergent, toutes les personnes concernées doivent se rencontrer et chercher *comment* vivre avec le problème, pour potentialiser leurs ressources humaines, et éviter de faire des patients des exclus ou des rejetés. Je parle ici de se donner un *contexte de gestion de problèmes.* C'est seulement à partir de l'acceptation que rien ne va plus, que notre expertise diagnostique ou thérapeutique ne changera rien, que blâmer n'est pas une solution, qu'on pourra créer un contexte de gestion de problèmes dans la coopération.

Voilà la seule façon que je connaisse pour que chacun retrouve sa marge de manœuvre. On ne cherche plus à faire agir l'autre, on clarifie ses territoires et ses juridictions, et on fait le deuil de ses pertes et de ses limites. C'est à partir de cette impuissance reconnue d'abord par l'expert et acceptée par la suite par ceux qui le consultent que *tous peuvent trouver* leur marge de manœuvre dans ce nouveau contexte de résolution des problèmes fondé sur la coopération.

Les troubles suicidaires et/ou liés à la toxicomanie

La réorganisation des relations dans la coopération s'avère pour ainsi dire vitale lorsque les problèmes sont liés au suicide ou à la toxicomanie. Mon expérience de psychiatre urgentologue me donne l'impression que le problème suicidaire ou relatif à la drogue s'amplifie lorsqu'on recherche des solutions définitives. On tente trop souvent d'éviter le suicide pour ne plus avoir à résister à sa menace plutôt que de faire le point sur le choix de ces moyens violents, activateurs souvent de processus de victimisation. *Or, il n'y*

1. Le DSM-1V (Diagnostic Statistical Manual of the American Psychiatric Association) donne la description de dix troubles de la personnalité répertoriés. (Pour la version française, voir *Critères diagnostiques*, Paris, Masson, 1996.)

a pas de solutions définitives, il n'y a que des rééquilibres. Il faut donc apprendre à considérer ces problèmes sans rechercher de coupables ni céder à la panique. Il faut apprendre à laisser émerger des solutions.

La personne souffrante doit tout d'abord arrêter de se blâmer personnellement et ne plus accepter de vivre dans des contextes de disqualification. Il s'agit pour elle *de ne plus rester victime et de ne plus faire de victime.* Quand une personne connaît un événement déstabilisant de cette gravité, on devrait l'aider à réfléchir à ses valeurs, pour mobiliser toutes ses ressources personnelles et environnementales. Il s'agit de créer un *contexte qui favorise la santé* plutôt que la maladie, où chacun est responsable à la fois de son équilibre personnel et de l'équilibre du groupe auquel il appartient. Aussi, traiter la maladie d'une personne atteinte de troubles suicidaires ou liés à la toxicomanie sans se préoccuper de son contexte relationnel et organisationnel, m'apparaît comme une des erreurs d'intervention les plus fréquentes et graves de ce siècle.

Cette erreur semble quasi constitutive de ce vingtième siècle principalement organisé sur un mode de pensée *disjonctif*. J'emprunte ce terme à Jean-Louis Le Moigne, qui l'utilise pour qualifier le modèle analytique d'explication d'un phénomène, et qui réserve le terme *conjonctif* au modèle systémique (Le Moigne, 1990, p. 9 et 31). L'approche morcelée ou disjonctive analytique d'un phénomène aussi complexe que le suicide chez les jeunes, par exemple, peut aggraver le problème plutôt que le résoudre. Une approche de ce type ne mise que sur le traitement de la personne suicidaire pour mettre fin aux risques suicidaires, sans intervenir sur les relations de contrôle existant dans son milieu de vie.

Cependant le recours au suicide est d'abord un geste interpersonnel et, bien que le premier geste puisse se manifester lors d'un épisode dépressif, il est loin d'être certain que la prévention d'un tel geste réside dans le traitement de la maladie seulement. Bien des intervenants décident du *pourquoi* des suicides des jeunes, en décidant par exemple du *pourquoi social* ou *familial* de leur geste. Il faudrait bien plutôt s'intéresser au *comment* aider les suicidaires, dans leur milieu, en se laissant inspirer par les causes finales, et en se demandant par exemple qui serait le plus troublé à *court* et à *moyen* terme si le suicidaire réussissait son suicide ou encore si le suicidaire continuait ses tentatives de suicide. Je pense ici au soulagement qu'un suicide peut apporter dans un premier temps dans l'entourage d'un suicidaire *chronique,* et au malaise qui s'installe à moyen terme lorsqu'un autre membre de la famille s'oriente vers cette solution ; ou encore, à la tension et à la disqualification du suicidaire qui ne cesse de répéter ses comportements autodestructeurs, ses tentatives de suicide notamment.

Pour que le suicidaire en arrive à être son propre protecteur, il devra vivre dans un contexte où la règle de respect de l'autonomie et de la vulnérabilité est appliquée. Mais ce changement de règle ne peut se faire unilatéralement par le suicidaire : c'est un changement de valeurs qui ne peut se faire qu'*avec les siens* et en présence du professionnel de la santé impliqué dans le problème. On ne recourt plus ici au professionnel de la santé pour un traitement de la dernière chance ; on fait le choix d'un contexte de non-violence dans le respect de l'autonomie de chacun et on choisit par la suite divers moyens thérapeutiques selon les préférences de chacun. Il faut se rappeler que les membres d'un ensemble ne peuvent changer leurs règles relationnelles et organisationnelles de l'intérieur. C'est lors d'une tension ou d'un éclatement qu'un groupe fait appel à un *expert* et que ce dernier doit créer un contexte relationnel de gestion de problèmes dans la non-violence, avant d'appliquer quelque traitement que ce soit.

L'autoguérison et les médicaments

Le psychiatre est souvent confronté avec l'impossibilité d'administrer un traitement efficace en raison du refus de son patient de prendre des médicaments ou, au contraire, du désir du patient de miser uniquement sur cette forme de traitement.

Le phénomène de l'autoguérison fait partie de la complexité des êtres vivants. On peut devenir plus malade lorsqu'on mise uniquement sur le traitement, sans chercher à distinguer les contextes de santé des contextes de maladie. Mais pourquoi une personne ne veut-elle pas se faire aider par une médication lorsqu'elle ne parvient pas à contrôler ses paniques ou ses idées obsédantes ? C'est souvent parce qu'elle se met à entrer en compétition avec sa médication, ou parce qu'elle refuse de lui donner sa place dans le traitement de sa maladie. Même avec une médication il faut apprendre à *coopérer.* Une médication est fort peu efficace, si on ne l'aide pas à nous aider, en la laissant agir dans ce qu'elle peut donner.

Les thérapies brèves

Plus nous serons nombreux, nous les intervenants, à développer une expertise dans cet autre niveau d'intervention, plus il sera possible que nos interventions soient brèves. J'ai la nette impression pour ma part que le débat sur les psychothérapies à court et à long terme tire à sa fin. La rationalisation des services des Managed Care américains suscite ce débat, à l'instar des coupures dans le système de santé canadien.

En travaillant de façon prioritaire sur l'aspect relationnel pour le respect de l'autonomie et l'utilisation pertinente des médicaments psychotropes, j'ai été — et suis toujours — surprise de la rapidité avec laquelle plusieurs personnes se réorganisent. Mon expérience m'a aussi montré l'impact rapide d'interventions faites avec la collaboration des chefs de famille. J'ai donc pris l'habitude de toujours inviter mes patients à venir à la première rencontre avec leur famille, et son chef en particulier, pour discuter de la règle de respect de l'autonomie et de la vulnérabilité.

La majorité des personnes sont surprises de cette demande, car elles ne sont pas du tout sensibilisées à l'impact des règles relationnelles. L'on sait aussi fort bien que faire venir la famille ou l'entourage du patient seulement après avoir rencontré quelques fois ce dernier crée la plupart du temps une attitude paranoïde ou protectrice de la part des personnes invitées. En fait, elles sont méfiantes et avec raison, car on les invite après avoir analysé les causes du problème sans elles. On tente de leur imposer des solutions qu'elles n'auront pas découvertes elles-mêmes. De là l'importance de travailler avec le réseau des patients *dès la première rencontre* et d'intégrer systématiquement cette habitude dans nos pratiques institutionnelles.

Les maladies compliquées

Les cas d'intervention qui m'ont paru les plus ardus concernaient jusqu'à présent des délires paranoïdes : il est en effet très difficile d'établir un contact avec une personne délirante dans une situation d'urgence ou lors d'une crise. Je ne peux ici que mettre en garde tous ceux qui côtoient quelqu'un qui cherche à s'isoler dans une attitude misanthrope : il est dangereux, à la longue, d'encourager cette personne à blâmer les siens plutôt que de l'amener à se faire un nouveau réseau. Mais je tiens aussi à préciser que ce n'est surtout pas l'équipe psychiatrique qui peut devenir le réseau privilégié de qui que ce soit, situation regrettable qu'on observe malheureusement trop souvent.

Les patients qui se sentent victimes de leur entourage, familial ou professionnel, ne parviennent pas à retrouver la santé lorsque la maladie les protège contre des comportements qu'ils perçoivent comme abusifs. La nécessité d'avoir des preuves de maladie active un processus secondaire de victimisation auquel participent bien des protagonistes en toute légalité. Nous devons toujours nous rappeler qu'il est bien plus facile de se maintenir malade qu'en santé. Tous les traitements échoueront si la personne craint de perdre le filet de sécurité que constitue la protection financière accordée aux malades. La santé est un niveau d'équilibre beaucoup plus éloigné de notre destin final que ne l'est la maladie. C'est donc un niveau beaucoup plus difficile à maintenir.

Les autres cas encore mal identifiés, à mon avis, sont ceux des personnes présentant des épisodes psychotiques brefs et des états dissociatifs. Ces personnes déstabilisent l'intervenant, qui se protège généralement en recherchant tous les aspects manipulateurs du comportement, sans chercher à établir un contexte d'autoprotection pour chacun. Si la personne abuse en plus de drogues, elle n'a plus sa place nulle part. On attribue ces comportements à des séquelles d'abus ou encore à des troubles de la personnalité. Les abus ne sont pas toujours faciles à mettre en évidence alors que les processus de victimisation semblent être toujours présents. Quant au diagnostic de troubles de la personnalité, il ne donne aucune piste sur comment intervenir. Dans les milieux thérapeutiques, ces patients amplifient les processus de victimisation si l'intervenant n'a pas appris à donner la priorité à l'aspect relationnel de la communication.

Le patient-coordonnateur et le contrôle de la qualité

Si l'on choisit le modèle de la coopération plutôt que le modèle hiérarchique, c'est le patient en fait qui devrait coordonner l'aide dont il a besoin et non plus le professionnel de la santé. Mais d'habitude, celui-ci obéit au chef du groupe des professionnels auxquels il appartient, des professionnels qui, en général, multiplient les évaluations sans interventions.

Il n'est pas possible dans ces conditions de faire circuler de l'information sur des nouveaux outils thérapeutiques, si l'on considère qu'il appartient toujours et encore aux professionnels de la santé de bien évaluer les besoins de leurs clients et de formuler les protocoles de traitement. Ce qui semble compter malheureusement alors, c'est la qualité des actes dispensés et le fait que les patients suivent bien les traitements de qualité recommandés ! Si le patient ne recouvre pas la santé avec les traitements, il ne peut pas s'en prendre aux thérapeutes ou à leurs méthodes. C'est plutôt la faute du patient et des siens qui semblent mal réagir aux traitements et qui ne coopèrent pas adéquatement !

Par ailleurs, dans aucun des points de service de santé où j'ai travaillé, je n'ai encore vu de données informatisées qui permettraient aux cliniciens de réévaluer leurs actes. Nous en sommes partout encore à des protocoles de qualité et non à la recherche de l'efficacité, de l'efficience et de l'amélioration continue de la qualité. Les cliniciens, en ne participant pas à la transformation de leurs services, deviennent souvent cyniques face aux limites de leurs actes, s'ils n'en finissent pas par devenir eux-mêmes malades.

Les ensembles comportementaux

Enfin, ce que j'ai découvert progressivement, en recherchant l'unité dans les ensembles, c'est la répétition du contrôle exercé par les personnes entre elles dans le rapport que l'une d'elles se met à entretenir avec son propre corps. Une anorexique traite son corps, par exemple, comme elle-même se sent traitée par ses parents. Si elle et les siens prenaient conscience de la similarité existant entre les rapports contrôlants qu'ils entretiennent entre eux et ceux qu'elle entretient avec son corps et ses cellules, cette personne anorexique saurait beaucoup plus vite retrouver un équilibre et un contexte d'autoguérison. Il en est de même pour diverses formes de somatisation. Bien des maux physiques disparaîtraient ou deviendraient moins handicapants si le malade pouvait se sortir lui-même de ses contextes de victimisation ou y être aidé.

À l'aide de programmes informatisés de collecte de données, il serait intéressant de vérifier si la transformation des relations de contrôle en des relations de coopération, dans le respect de l'autonomie de chacun, entraîne une amélioration plus rapide des symptômes, une diminution dans la demande de services et une plus grande efficacité des intervenants qui seraient sans aucun doute, dans ces conditions, eux-mêmes en meilleure santé.

* * *

Le principe, qui est à la base de ma pratique, a été et est encore aujourd'hui de garder ma marge de manœuvre vis-à-vis de ceux et celles qui ont recours à mes services. Je porte donc une attention toute spéciale à l'orientation des moyens thérapeutiques que j'utilise en rapport avec la règle de respect de l'autonomie de chacun. Cette préoccupation, qui se retrouve déjà dans les écrits de Bateson, m'a amenée à intégrer le fait que chacun de nous a sa propre épistémologie (Bateson, 1984, p. 12), sa propre carte et compréhension du monde, et que cette réalité est incontournable selon la compréhension de l'épistémologie batesonnienne (Bateson et Bateson, 1989, p. 20-21).

J'ai appris — et j'apprends toujours — à évaluer et à intervenir à partir de la vision du monde de chacun. J'aspire à *devenir inutile rapidement dans la gestion du problème*, de façon à rendre chacune des personnes concernées apte à reprendre ses projets de vie. Je crois que c'est en portant une attention spéciale au cadre relationnel de nos interventions et à la mentalité de nos organisations que nos interventions pourront rester brèves. Et c'est aussi en reconnaissant la nature complexe des humains que nous pourrons miser sur les processus d'autoguérison, en choisissant des niveaux d'intervention simples mais pertinents.

Cette grille systémique « troisième manière » permet aux professionnels de la santé, cliniciens, gestionnaires, planificateurs, d'opérationnaliser leur approche des personnes souffrantes en considérant leur qualité d'*êtres autonomes*. Elle force aussi l'intervenant à rechercher sa propre cohérence, dans son discours et dans son agir. Sa stabilité venant de sa propre mobilité, il doit paradoxalement viser à ne pas rester essentiel à celui qu'il aide. Cela implique l'ouverture sur l'imprévisible, la fin du sentiment d'abandon et l'acceptation d'une certaine insécurité. On ne peut s'intéresser à l'approche systémique sans tranformer ses valeurs protectionnistes en valeurs d'autoprotection et de mobilité.

Modélisation d'un changement organisationnel

DIANE BEAUSÉJOUR

DE PLUS EN PLUS D'INTERVENANTS sont formés à l'approche systémique et tentent de développer des pratiques qui s'harmonisent avec leur nouvelle représentation de la complexité des situations rencontrées. L'enthousiasme initial se heurte très tôt au problème de la discordance de cette vision avec les us et coutumes des établissements qui encadrent l'intervention. Les ruptures se font sentir non seulement dans les échanges avec les autres professionnels mais aussi avec les cadres qui se montrent méfiants face aux changements organisationnels qu'une telle vision pourrait entraîner. Et pour cause, car il s'agit bien de deux représentations du monde différentes.

Notre but ici est de soumettre au lecteur une expérience menée dans un centre d'accueil au Québec qui a favorisé le passage d'une culture bureaucratique à une culture systémique. Cette expérience de transformation organisationnelle avait comme cible la redéfinition des relations entre les personnes qui donnent et qui reçoivent des services, une redéfinition qui permet aux personnes de demeurer des *sujets* à l'intérieur d'un système organisé et complexe. Ce type de démarche repose sur l'émergence de normes, valeurs et codes rendant possible la rencontre *d'acteurs de soi* dans une visée collective. Ces rapports de respect des personnes et de coopération dans le travail engendrent une forme de régulation basée non plus sur le contrôle des personnes mais sur la gestion de l'information par les acteurs impliqués dans un problème.

Donner un sens à notre pratique

Sur un de ses tableaux, le peintre Gauguin avait inscrit: « D'où venons-nous, que sommes-nous et où allons-nous ? » Si Gauguin se posait ces questions sur le sens à donner à sa vie et à son œuvre à la fin du siècle dernier, il me semble qu'elles sont tout aussi actuelles à la fin du nôtre. En tant qu'intervenante sociale, il me paraît en effet urgent de s'assurer que les lieux où nous œuvrons deviennent des lieux de création de sens et de liens et non d'aliénation et d'épuisement.

D'où venons-nous ?

Pour comprendre nos pratiques professionnelles actuelles, il faut les situer dans leur contexte historique. Nous sommes les légataires d'un formidable foisonnement de connaissances scientifiques et techniques qui ont fait de nous des experts dans nos domaines respectifs. Nous avons intégré une façon de connaître qui est basée sur l'objectivité, la logique causaliste et le pragmatisme (si ça marche, c'est bon). Mais depuis une quarantaine d'années, les scientifiques remettent en question cette épistémologie positiviste. Ils parlent maintenant de la relativité (les choses n'ayant pas de valeur en soi mais par rapport aux autres choses) ; de la subjectivité (l'objet qu'on regarde est indissociable de l'œil qui le voit) ; de relations conjonctives (ça et ça) plutôt que disjonctives (ou bien-ou bien).

Mais nous les intervenants, qui sommes issus des sciences humaines, nous n'avons pas encore véritablement emboîté le pas si nous prenons à témoin nos façons d'évaluer les situations *objectivement*, d'émettre des hypothèses *causalistes* et de proposer des plans d'intervention qui sont contingents aux ressources dont nous disposons, donc *pragmatiques*. Nous ne sommes pas à blâmer car nous ne faisons que ce que nous avons appris, mais nous nous heurtons à des manifestations de la vie qui échappent à ce type de représentation, telles l'imprévisibilité des personnes, la complexité des situations et la résistance des choses ou des personnes à la belle construction que nous avions faite.

Lorsque nous sommes confrontés à ces manifestations, le doute s'installe : nous nous sentons impuissants et notre responsabilité professionnelle nous titille. Nous faisons alors ce que tout être humain ferait, c'est-à-dire *un peu plus de la même chose*. Nous reprenons nos hypothèses, nous essayons un nouveau plan d'intervention et nous rouvrons le répertoire des ressources. Si ces démarches ne donnent toujours pas de résultats, notre sentiment d'impuissance augmente et c'est là que nous sommes tentés de *faire entendre raison à la raison*.

Vous connaissez peut-être cette phrase extraite d'un monologue de l'humoriste québécois Sol se rapportant à nos services de santé : « Nous voulons votre bien... et nous l'aurons. »

Que sommes-nous ?

Nous sommes des intervenants pleins de bonnes intentions et c'est bien à partir de ces bonnes intentions que nous nous permettons parfois de vouloir le bien de l'autre en pensant que la fin justifie les moyens. Je proposerais plutôt que *la fin aille avec les moyens* et, par conséquent, il ne faut pas questionner nos buts mais plutôt nos moyens.

Voici quelques exemples d'interrogations vécues par des intervenants dans un centre d'accueil pour personnes âgées :

— « Mme Dubuc agresse le personnel lorsque nous l'amenons au bain, devrions-nous prévoir un calmant pour ces moments-là ? » ;
— « M. Le François refuse sa médication, devrions-nous la camoufler dans son dessert ? » ;
— « Les enfants de Mme Rossignol lui créent trop de soucis, devrions-nous leur demander de venir la voir moins souvent ? »

L'intention est bonne car il s'agit d'aider, mais les moyens proposés sont plus tortueux, comme l'est le dévoiement des cheminées dans les anciennes maisons de campagne.

Le vice caché de cette approche réside dans le fait que nous pensons qu'il est possible de nous passer de la coopération des personnes quand notre responsabilité professionnelle nous incite à faire ce qui paraît être dans le meilleur intérêt des patients. Ce glissement de sens dans les rapports humains nous vient en partie de nos formations professionnelles et en partie des structures dans lesquelles nous évoluons. Lors de nos formations, nous avons appris à définir *professionnellement* les besoins de l'autre et à prévoir les solutions. Si l'autre ne connaît ni tout à fait son problème, ni la solution, il ne peut être un réel collaborateur : il devient un objet d'intervention et non un sujet.

Nos structures organisationnelles quant à elles sont ce qu'Henry Mintzberg nomme des « bureaucraties professionnelles » (Mintzberg, 1984, p. 309-336). Les bureaucraties sont un sous-produit du taylorisme : division des tâches ; division et spécialisation des sous-systèmes d'opération ; division hiérarchique entre ceux qui gèrent et ceux qui exécutent. L'adaptation du taylorisme aux établissements de services nous a donné l'organisation des services que nous connaissons, c'est-à-dire le fonctionnement par catégories :

— catégories de population (les jeunes, les démunis, les personnes âgées) ;
— catégories de besoins (biologiques, psychologiques et sociaux) ;
— catégories de services (première, deuxième et troisième ligne).

Chaque établissement fonctionne comme un petit satellite et se rattache au projet social global par une structure ministérielle qui dicte les grandes orientations et établit les paramètres d'opération à partir de programmes-cadres.

Depuis la laïcisation de nos services de soins et d'assistance, une technostructure très compliquée s'est développée pour assurer la cohérence à l'intérieure de la constellation. Alors qu'avant les familles ou les communautés religieuses du quartier s'occupaient, par exemple, des personnes en perte d'autonomie, ces dernières sont maintenant confiées « à la garde » d'établissements. Les règles et les façons de faire y sont beaucoup plus complexes. Avant, ces personnes avaient davantage d'emprise sur leur vie, ou du moins, elles connaissaient suffisamment les rouages relationnels pour se sentir en terrain connu. L'adaptation était moins grande et leur statut de personne y était reconnu. Elles ont maintenant non seulement à saisir et accepter les orientations ministérielles, mais elles ont à composer avec une série de règles provenant de contraintes administratives ou professionnelles.

La notion même de « bureaucratie professionnelle » est un paradoxe en soi car les professionnels ont besoin d'autonomie décisionnelle pour agir. Or, cette autonomie est très réduite, car les intervenants doivent opérer à l'intérieur de cadres organisationnels et corporatistes qui définissent leur action comme étant prévisible, programmable et quantifiable. La relation avec le client est entachée d'une saveur « pseudo », car l'intervenant est souvent une fonction avant d'être un sujet. Or l'agir instrumental (les expertises que détiennent les intervenants) est indissociable de l'agir communicationnel (la capacité d'établir un rapport de sujet à sujet).

Cette conjonction sujet-organisation est également au cœur des propos de Mintzberg (1984, p. 309-336) : « Ce n'est pas le gouvernement qui enseigne aux étudiants, ce n'est pas la technostructure de l'organisation policière qui arrête le criminel, pas plus que ce n'est l'administration hospitalière qui met au monde un enfant ou celle de l'action sociale qui aide une famille en détresse. »

Il y a trop de distance entre ceux qui pensent les services et ceux qui les exécutent. Là aussi, nous fonctionnons avec des logiques disjonctives, comme si l'organisation de l'action pouvait être dissociée de l'action. Les rapports de pouvoir ont préséance sur les rapports de coopération. La compétition entre établissements pour obtenir des budgets, les divergences et la méfiance entre professionnels et l'absence de concertation sont des facteurs qui contribuent à notre perte d'efficacité et de créativité.

Nous devons prendre conscience de la forme d'organisation parfois déshumanisante dans laquelle nous sommes. Il nous faut non seulement repenser notre façon d'intervenir, mais il faut également repenser la façon dont nous sommes encadrés. Nous agissons tout autant sur nos structures que nous sommes agis par elles : c'est une réalité autoréférentielle. Il y a d'énormes contraintes mais aussi d'énormes possibilités si nous cessons de nous définir comme des victimes et redevenons des acteurs responsables des dynamiques dans lesquelles nous nous inscrivons.

Où allons-nous ?

Redevenir acteurs veut dire, pour moi, co-construire avec nos clients, les familles, les autres intervenants et les gestionnaires, pour que s'écrive une autre histoire des rapports entre eux et nous. Le vocabulaire existe : « le partenariat et la coopération ». Le partenariat désigne le rapport égalitaire entre acteurs dans la création d'un projet commun. Contrairement à la consultation ou la concertation, il implique la prise de décision en commun. La coopération, par ailleurs, est la répartition logique et consentie des rôles, tâches et responsabilités, en vue de la réalisation du projet que nous avons choisi ensemble.

Nous sommes encore loin d'une « pragmatique » du partenariat et de la coopération car pour ce faire, il nous faut croire à l'autonomie des personnes et à leur capacité d'être responsables.

Malheureusement, nous perdons beaucoup lorsque nous tentons d'imposer *notre* projet d'intervenant, même s'il est très valable. La solution de rechange à la dynamique parfois subtile de l'imposition est la dynamique du respect des personnes, un respect qui passe par la valorisation des différences et une volonté de chercher comment les faire cohabiter. Il s'agit de rechercher les jonctions entre les idées et les personnes pour créer un projet commun.

Ce processus prend du temps mais c'est le temps qui permet aux idées de faire du chemin, un chemin qui se fera d'autant plus rapidement que nous ne cherchons pas à contrôler l'autre ou à échapper à son contrôle. Trop souvent ce ne sont pas les idées ou les personnes qui font problème mais les relations entre celles-ci.

Le centre d'accueil Marcelle-Ferron

Depuis le printemps de 1990, le centre d'accueil Marcelle-Ferron s'est engagé dans une transformation qui visait un changement organisationnel, avec des répercussions tant sur le plan clinique qu'administratif. Ce changement était centré sur la redéfinition des rapports clients-familles-intervenants-gestionnaires, chaque acteur devenant partie prenante du contexte dans lequel il est engagé, comme personne et comme tenant d'un rôle.

Il faut toujours des événements pour éperonner un changement et, pour ce centre d'accueil, ce sont sa relocalisation, son acquisition par de nouveaux propriétaires, de même qu'un changement important dans sa clientèle qui en ont été les sources. Une équipe de consultants, dont une psychiatre (le Dr Suzanne Lamarre), un infirmier (Jacques Champigny) et une travailleuse sociale (moi-même), a piloté ce changement organisationnel.

Un besoin pressant était à l'avant-plan de la demande de consultation, celui de voir s'il était possible de désinstitutionnaliser une clientèle ayant des problèmes de santé mentale ou de déficience intellectuelle. La lecture que nous faisions de la situation était que les intervenants avaient développé des habitudes d'intervention qui convenaient bien à une clientèle qui avait eu besoin d'un encadrement serré et protecteur. Par ailleurs, pour que ces personnes redeviennent des citoyens acceptés par la communauté, il fallait qu'elles développent des attitudes et des habiletés conformes à la vie en société. Or, autant l'encadrement serré avait contribué à la stabilisation des personnes, autant il était maintenant gênant dans l'acquisition de l'autonomie et le sens de l'autre, nécessaires au nouveau contexte dans lequel ces personnes étaient appelées à vivre.

Il fallait donc que les intervenants changent leurs habitudes relationnelles pour favoriser une prise en charge des personnes par elles-mêmes. Pour ce faire, de nouveaux concepts organisateurs favorisant l'*empowerment* devaient être mis de l'avant. L'éthique du respect de l'autonomie des personnes et de la responsabilité de *voir à soi tout en tenant compte des autres* servait d'assise à cet *empowerment*. Les concepts actualisateurs, d'origine systémiques, étaient les suivants :

— l'organisation par information plutôt que par contrôle ;
— la récursivité dans les rapports humains : « Je contribue à la réponse qui m'est envoyée. » ;
— la force des changements lorsqu'ils émergent des personnes qui vivent le problème comparée à celle, plus faible, qui se manifeste lorsque les changements sont planifiés par un groupe attitré ;
— l'importance de la participation aux règles et aux décisions.

L'information

Pour que notre autonomie décisionnelle soit effective, il nous faut de l'information. Il nous faut ensuite la liberté d'en disposer, c'est-à-dire, soit de la confirmer, de la nier ou de retenir notre jugement pour nous faire une idée plus complète. Organiser par information veut dire soumettre notre idée à l'autre pour qu'elle soit validée ou rejetée. Dans nos organisations, nous avons tendance à retenir l'information, en invoquant des raisons telles que « l'autre ne pourra pas comprendre », « ça va le bouleverser » ou « nous n'avons pas le temps ».

Fonctionner par information veut dire par exemple informer Mme Dubuc que nous ne pouvons pas nous permettre d'être agressés lorsque nous l'amenons au bain et lui demander si elle a une idée de ce que nous pourrions faire. C'est également confirmer le droit au refus de traitement de M. Le François, tout en l'informant des conséquences de son refus, tant sur le plan de sa santé que sur l'embarras personnel et/ou professionnel auquel nous sommes confrontés. C'est aussi inviter Mme Rossignol à convoquer sa famille pour que nous explorions ensemble la meilleure solution. Fonctionner par information c'est aussi remettre entre les mains des intervenants la responsabilité d'organiser le travail entre eux : c'est accepter en tant que cadre de ne plus contribuer à la surdité patronale.

La récursivité

La récursivité réfère au fonctionnement circulaire des relations. Ce qui est important dans ce concept c'est d'être attentif à la relation qui lie les personnes. Si le lien est empreint d'une volonté de convaincre l'autre ou de lui imposer notre idée, nous allons créer entre nous un lien qui sera marqué par le contrôle. Si le lien est empreint d'une volonté de respecter l'autre, nous n'aurons pas à nous protéger mutuellement et nous pourrons échanger sur la situation qui suscite notre besoin de conversation.

Mme Dubuc a été étonnée que nous soyons perplexes devant le problème que nous lui soumettions : elle a commencé par nous dire que c'était notre problème et que de toute façon, quoi qu'elle dise, nous n'en ferions qu'à notre tête. Lorsque nous l'avons à nouveau informée que nous ne pouvions pas nous passer d'elle dans la résolution de ce problème, elle nous a fait une proposition qui lui convenait (elle a demandé à sa fille de venir l'assister) et qui était acceptable pour nous. La relation avec Mme Dubuc a changé.

Le changement par émergence

Ce qui s'est vécu avec Mme Dubuc est un bon exemple de changement par émergence. Nous nous sommes rencontrés pour soumettre non pas une solution mais un problème. Ce sont les acteurs concernés par le problème (dans ce cas, la résidante, sa fille et les préposés) qui ont réfléchi ensemble. Les intervenants ont par conséquent développé l'habitude de rencontres ad hoc qui ont pour objet de résoudre les problèmes qui se présentent au quotidien. À chaque fois, les questions suivantes servent de point de départ : qui est concerné par cette situation ? ; qui peut statuer sur sa résolution ? ; les personnes concernées sont-elles toutes présentes ?

La solution n'émerge pas forcément dès la première rencontre. Parfois les relations sont devenues si mauvaises qu'il faut un tiers pour aider à relancer la communication. Ce rôle peut être assumé par un cadre-coordonnateur, mais chose certaine, ce rôle de « tiers relationnel » est essentiel au bon fonctionnement d'une organisation complexe. Ce ne sont pas seulement les décisions cliniques qui doivent se prendre dans la coopération mais également les décisions concernant les problèmes organisationnels.

La participation aux règles et aux décisions

« *Qui* décide et *comment* ? » sont des questions qui soulèvent souvent une discussion de fond sur la notion de responsabilité, surtout lorsqu'il s'agit de responsabilité clinique. Le questionnement éthique autour de la notion de responsabilité a permis de remettre la santé dans les mains du principal intéressé, c'est-à-dire le patient. Les plans de soins s'élaborent en présence du résidant ou de son répondant s'il n'est pas apte à décider. Le plan est connu de tous et la régulation vient de l'interdépendance qui s'établit entre le résidant et les professionnels de la santé.

Nous avons choisi d'illustrer la complexité d'un tel fonctionnement en relatant l'histoire d'une résidante. Mme Côté souffrait d'une déficience de la glande thyroïde. Comme elle refusait de prendre le médicament prescrit pour cet état, on le camouflait dans son somnifère. Cette pratique rendait certaines infirmières mal à l'aise, mais elles se sentaient obligées de suivre la prescription telle que le médecin l'avait ordonnée. La question éthique entourant une telle pratique avait été soulevée dans le cadre d'une réflexion d'équipe sur la Charte des résidants, charte qui stipulait que ces derniers voulaient être informés de leur plan de soins et y consentir. De plus, des avis juridiques sur les droits de la personne confirmaient que le patient devrait donner son consentement à tout traitement sauf en cas d'urgence.

Les médecins, pour leur part, invoquaient le caractère dépressif de la patiente pour soutenir la nécessité de maintenir la prescription. Ils auraient eu l'impression de ne pas assumer leur responsabilité de médecins en suivant le refus de cette dame. Nous avons convenu de réfléchir à cette question avec la famille car les membres de celle-ci agissaient en quelque sorte comme s'ils étaient les tuteurs. Ils connaissaient et approuvaient les pratiques de « camouflage ». De cette conversation a émergé la conclusion que la responsabilité devait être partagée entre tous les acteurs impliqués, y compris Mme Côté.

Cette dernière détenait donc toute l'information médicale et relationnelle lui permettant de prendre sa décision. Comme elle n'arrivait pas à fixer un choix, nous avons convenu que le médicament lui serait porté chaque jour à sa chambre et qu'elle en disposerait selon sa volonté. Elle l'a pris pendant un certain temps mais elle a ensuite décidé de ne plus le prendre. Elle a demandé à sa famille et aux intervenants de l'accompagner dans un processus d'affaiblissement physique, processus conséquent au fait de ne plus prendre la médication. Ce processus pouvait la mener jusqu'à la mort. Sa demande a été acceptée, mais à un moment donné, elle s'est mise à avoir des propos et des gestes suicidaires. Comme nous ne pouvions légalement assister un suicide, nous avons informé cette dame que nous ne pouvions plus maintenir notre accompagnement et qu'elle serait hospitalisée en psychiatrie.

À l'hôpital, où elle a séjourné quelques semaines, on lui a administré, à son insu, le médicament. Elle est revenue chez nous accompagnée d'une ordonnance demandant de maintenir le camouflage de la prescription. N'ayant pas eu le temps de refaire une conversation avec tous les acteurs concernés, nous avons maintenu la prescription, mais Mme Côté est morte une semaine après son retour de l'hôpital. Mystère... Autant ce type de situation peut être litigieuse, autant il n'y a eu aucun blâme venant de la famille ou des intervenants entre eux. Tous avaient été impliqués dans le processus et tous avaient consenti au plan et à la primauté de la personne sur ce plan. Nous étions tristes, mais nous ne nous sentions pas coupables de sa mort.

Modélisation du changement

Le changement organisationnel était inspiré de l'application des théories systémiques aux organisations. Comme la théorie des systèmes est très large, nous allons tenter de cerner les concepts qui ont été particulièrement utiles dans la modélisation de ce changement.

Le modèle de Jean-Louis Le Moigne

La forme canonique du système général, telle que développée par Jean-Louis Le Moigne (1990), est une conjonction de la procédure cybernétique (concepts d'environnement actif et de projet ou de finalité) et de la procédure *structuro-fonctionnaliste* (concepts de fonctionnement et de transformation). Cette modélisation propose de tenir pour inséparables quatre concepts fondateurs que Le Moigne articule de la façon suivante: «... la représentation d'un phénomène actif perçu, identifiable *par* ses projets dans *un* environnement actif, dans lequel il fonctionne *et* se transforme téléologiquement» (Le Moigne, 1990, p. 40).

Afin de rendre compte à la fois du modèle à partir duquel nous nous représentions l'organisation et du modèle d'activités susceptibles de produire les transformations souhaitées par les modélisateurs (changer systémiquement un système), nous avons combiné

Schéma 1

La forme canonique du système général

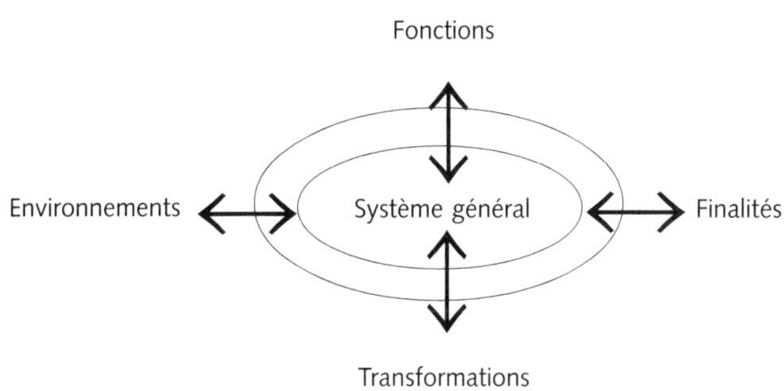

D'après Le Moigne, 1990, p. 40.

la forme canonique du système général avec le modèle canonique de l'*organisa(c)tion* (Le Moigne, 1990, p. 75). Tel que présenté au schéma 2, le modèle de l'organisation met en lumière la récursivité de trois actions qui expriment l'autonomie de l'*organisa(c)tion* d'un système complexe.

Schéma 2

Le modèle canonique de l'organisa(c)tion

Conjonction de trois actions : temps, espace, forme
L'organisation décrit la propriété d'un système
en général capable à la fois

de maintenir ET de se maintenir (action T)
de relier ET de se relier (action E)
de produire ET de se produire (action F)

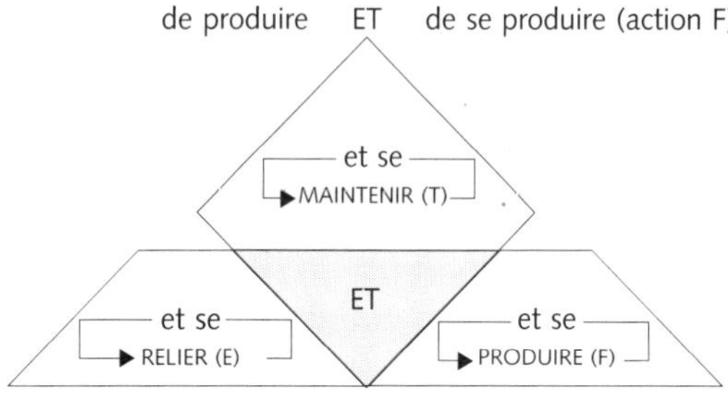

D'après Le Moigne, 1990, p. 75.

Adaptation et application du modèle au centre d'accueil Marcelle-Ferron

Cette modélisation est faite à partir de la conjonction entre le modèle canonique du système général et le modèle d'organisation empruntés à Jean-Louis Le Moigne. Nous avons associé à l'action de *maintenir* le concept *d'autonomie*, dans le sens de maintenir son autonomie et celle des autres ; à celle de *relier* le concept *d'interdépendance* ; et à celle de produire le concept *d'auto-organisation*, ce qui traduit l'indissociabilité du sujet et de son produit (création d'identité et création de services).

Enfin, les processeurs choisis pour faciliter le passage d'un système basé sur la commande à un système basé sur l'auto-organisation sont les trois processeurs systémiques suivants déjà évoqués : l'information, la récursivité et l'émergence.

L'ensemble de la modélisation qui est une articulation du système général et du modèle de l'organisation est présenté au schéma 3.

Schéma 3

Modélisation de la transformation au centre d'accueil Marcelle-Ferron

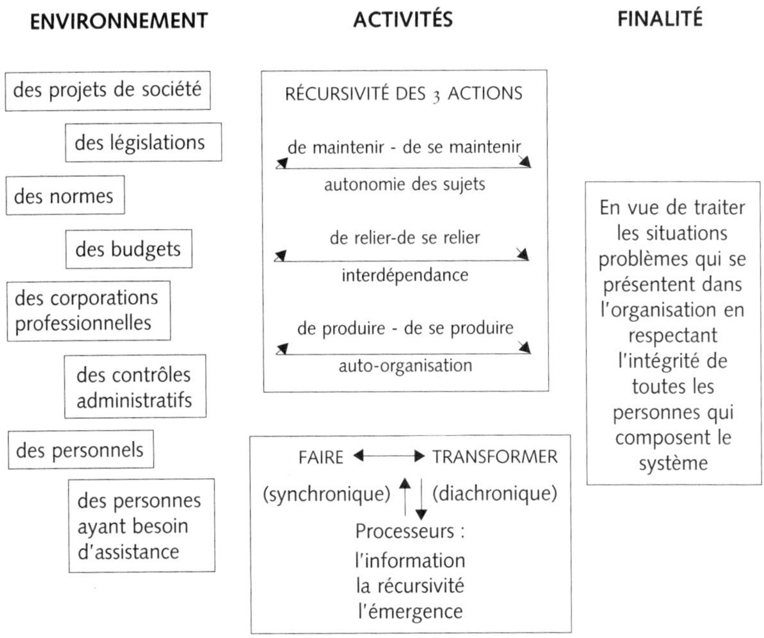

Résultats des changements

Dans la structure

Cette approche basée sur le respect des personnes et la recherche d'une conjonction entre finalités individuelles et organisationnelles a provoqué des changements structurels. À titre d'exemple, les résidants ont développé leur propre charte des droits, charte qui est devenue le fondement du code d'éthique. Les décisions cliniques se prennent en présence du résidant ou de son représentant familial s'il est sous tutelle. Les intervenants ont créé des comités « milieu de vie » dans les unités pour que résidants et intervenants réfléchissent à l'organisation de la vie dans leur unité. L'intégration des familles aux conversations cliniques est une condition préalable chaque fois qu'elles sont concernées par le sujet.

Par ailleurs, les équipes travaillent « en essaim » : c'est le travail qui commande et non le cadre. Les décisions sont prises là où l'action se passe : cela implique une délégation des pouvoirs et un respect des territoires de chacun. Ce sont les personnes hébergées qui sont au cœur de cette façon de s'organiser, car elles sont les premières concernées par les prestations de service. Les intervenants de première ligne sont ceux qui sont le plus près des personnes et ils forment, avec les résidants, l'unité de base. Ces intervenants sont soutenus par les cadres qui sont périphériques à l'unité et ont un rôle de facilitateurs. Il s'agit d'une forme d'organisation de type rotonde plutôt que de type pyramide.

Dans le protocole d'accueil

Le protocole d'accueil a été changé : l'équipe qui va recevoir un résidant visite d'abord ce dernier à domicile. C'est le futur résidant ensuite qui vient prendre connaissance de la façon dont le centre fonctionne. C'est à partir de ces échanges que la personne décide si elle veut être hébergée ou non. Le centre n'admet plus les personnes qui ne se sentent pas prêtes, car elles provoquent des situations difficiles (en ne défaisant pas leurs valises, par exemple) et font toutes sortes de misères aux intervenants et aux membres de leur famille. Il est préférable de prendre le temps de travailler ces réticences avec elles et leurs proches. Cette mobilité est nécessaire à l'autonomie de chacun et ces contextes d'intervention permettent souvent de redémarrer un processus qui était voué à l'échec ou à la violence.

Chez les résidants

L'impact le plus important de ces nouvelles pratiques est sans doute le sentiment de réappropriation de leur vie par les résidants. L'empowerment vient du contexte relationnel qui les reconnaît comme partie prenante et acteurs non seulement de leur vie personnelle mais de la vie du centre. Les intervenants peuvent établir avec eux des rapports de respect mutuel *sans chercher à déjouer le système*, car c'est l'ensemble de l'organisation qui y croit. La règle du respect étant également celle qui guide les rapports entre travailleurs et gestionnaires, tous peuvent prendre des initiatives sans appréhender la réprobation.

* * *

Un tel changement des mentalités ne se fait pas sans susciter de l'insécurité, mais le sentiment d'être tous en apprentissage d'un nouveau mode relationnel permet de prendre des risques sans rendre un groupe responsable des erreurs. Fort heureusement, le changement est un processus discontinu où l'équilibration se fait naturellement, pour peu que tous soient attentifs aux événements qui dictent le rythme, c'est-à-dire aux boucles de rétroaction.

Héraclite, le philosophe grec, disait: « La vie coule et jamais nous ne nous baignons dans le même fleuve. » Un intervenant très philosophe dirait plus facilement: « Plus ça change, plus c'est pareil ! » Que choisirons-nous ? Serons-nous les auteurs d'une nouvelle histoire, ou serons-nous les acteurs d'une pièce de théâtre qui s'embourbe bêtement ?

Ce n'est qu'en osant une nouvelle conjonction entre clients, familles, intervenants et gestionnaires, que nous pourrons inscrire nos pratiques dans des formes d'organisations de type systémique.

L'alcoolisme : de la solution au problème

MARIE DUMAS

> La découverte que nous créons nous-mêmes nos propres réalités équivaut pour ainsi dire à l'expulsion d'un paradis : celui où le monde est tel que nous le supposons être.
>
> PAUL WATZLAWICK

LA PRATIQUE RELIÉE À L'ALCOOLISME a évolué d'une conception déterministe, positiviste à une conception plus systémique. Il y a dix ans, la problématique de l'alcoolisme et de la toxicomanie était très souvent, en Amérique du Nord et tout particulièrement au Québec, étudiée sous l'angle de la maladie.

Cette pratique découlait alors de trois grandes sources : le mouvement des alcooliques anonymes, la théorie de Jellinek et celle du monde médical sanctionnée par l'O.M.S. Les ressources du secteur privé mises sur pied pour aider les personnes identifiées comme alcooliques ou toxicomanes s'inspirent essentiellement des principes de ce modèle que j'appellerai prévalent.

Cela fait déjà dix ans que nous[1] avons mis sur pied le GICAT (Groupe d'intervention et de consultation en alcoolisme et toxico-

1. Isabelle Marcotte, qui a une formation en orthopédagogie, s'est jointe à moi dès les premiers mois de fonctionnement. Elle a été un acteur essentiel dans la mise sur pied des ateliers thématiques et est toujours un membre actif de l'équipe.

manie), construit pour répondre à une demande d'un organisme de santé du secteur privé. La volonté de l'organisation était d'offrir un volet répondant aux besoins d'une clientèle issue du monde du travail, que ce soit en prévention ou en réhabilitation, pour des personnes ayant des problèmes d'alcool ou de drogues. Notre pratique était à l'origine calquée sur le modèle prévalent. Nous nous en sommes éloignés graduellement, inspirés par quelques notions clés proposées par certains constructivistes. Cette perspective, nouvelle pour nous, semblait permettre une plus grande ouverture dans les façons d'intervenir.

Nous nous proposons dans ce texte de retracer les grandes lignes de ce processus de changement et de présenter une lecture différente de la problématique de l'alcoolisme à la lumière de quelques applications systémiques. Le but de ce chapitre n'est pas de faire une synthèse de l'approche systémique, ni d'avancer une critique du modèle prévalent, mais plutôt de montrer deux modèles d'intervention utilisés auprès d'une clientèle ayant un même malaise.

Les notions abordées dans ce chapitre, tirées parfois du constructivisme, parfois de la systémique, sont celles qui nous ont ouvert de nouvelles pistes. Ces pistes conceptuelles nous ont soutenus dans ce passage qu'est le développement d'une nouvelle façon d'agir et d'être en relation avec les personnes alcooliques et toxicomanes mais aussi avec celles vivant d'autres problèmes.

Les limites du modèle prévalent

Le modèle prévalent se base sur la croyance que l'alcoolisme et la toxicomanie sont des maladies. Cette définition repose sur le présupposé que le comportement d'excès de consommation de psychotropes est en partie dû à une vulnérabilité héréditaire. Elle relève de la médecine. Sur le plan psychologique, on croit aussi à l'existence d'une personnalité toxicomaniaque qui aurait des traits de caractère bien spécifiques : oralité, tendances dépressives, autodestruction, homosexualité latente, carence narcissique.

Le modèle prévalent, biomédical, positiviste et déterministe impose ce que Watzlawick appelle des prédictions qui se vérifient d'elles-mêmes. Le client (ou la personne désignée) est amené à se définir comme toxicomane, dépendant, porteur d'une « maladie ». La perte de contrôle sur le produit est, croit-on, inévitable. L'abstinence est donc la seule option possible. Comme dans la majorité des « maladies », qu'elles soient physiques ou mentales, les problèmes ainsi étiquetés portent en eux un traitement déjà bien établi. Dans cette lecture, la personne doit renoncer à ses habitudes et se conformer à une logique binaire.

Comme nous le disions plus haut, à l'origine, le GICAT adoptait le modèle prévalent de l'alcoolisme-maladie. Sa philosophie ne se différenciait guère de celle des autres ressources. Nous visions à ce que les clients deviennent abstinents. Plus tard, quoique notre but demeurait le même, nous proposions aux personnes des changements comportementaux par une approche plus bio-psychosociale. Notre façon d'intervenir demeurait la même : l'intervenant identifiait pour le client les changements à apporter et les buts à se fixer ; il initiait et contrôlait le mouvement.

Notre formule d'action comportait des ateliers thématiques en petits groupes et des rencontres individuelles. Les ateliers présentaient des thèmes dont le but était d'identifier les modes relationnels qui engendrent et maintiennent des comportements de dépendance sans issue. Les rencontres individuelles, elles, visaient à reconnaître dans cette dépendance l'origine d'une souffrance et à travailler de façon plus pointue sur les moyens à développer pour se défaire de cette détresse et ne pas y retomber.

Nous offrions aussi des rencontres familiales lors desquelles les personnes proches du client recevaient de l'information sur la problématique de l'alcoolisme et de la toxicomanie. Ce dernier exercice n'était en rien systémique. Comme on aime bien le dire dans la culture systémique : ce n'est pas parce qu'on réunit une famille que l'on fait de la thérapie familio-systémique. L'information donnée à la famille était le résumé d'une ou de plusieurs écoles de pensée. Nous répondions aux questions des membres de la famille avec des réponses qui souvent étaient reçues comme des vérités ou des dogmes. Nous étions alors fixés sur ce que nous appellerons plus tard le symptôme. Bien que l'explication du modèle prévalent nous amenât à une certaine compréhension de cette problématique, il nous enfermait dans une conceptualisation linéaire de cause à effet. Le client devait adopter une position de lutte pour devenir et demeurer abstinent.

Un système de support par les intervenants était également établi, qui offrait une présence continuelle vingt-quatre heures sur vingt-quatre et sept jours sur sept. Nous étions submergés d'appels téléphoniques le soir, la nuit, les fins de semaine, car nous nous étions définis comme les personnes expertes et compétentes pour régler les problèmes rencontrés par les clients : angoisse, panique, besoin irrésistible d'alcool ou de drogues. Le client était alors protégé par nous ; il n'apprenait pas à gérer ses inquiétudes, ses souffrances, selon ses besoins, ses limites, ses contextes relationnels. Notre attitude protectionniste nous a amenés à un épuisement physique et psychologique qui gardait de plus le client dans un état de dépendance, et qui ne l'aidait d'aucune manière à vivre sans se faire prendre à nouveau dans les mêmes pièges.

En travaillant avec le client (et avec son système), c'est-à-dire en aidant le client à prendre en main son autonomie et ses responsabilités, à établir des modèles relationnels plus ouverts donc moins rigides, nous nous sommes dégagés de la lourdeur de la *prise en charge,* du *je le fais à ta place.* Depuis l'application de cette nouvelle façon d'intervenir, le téléavertisseur sonne très rarement. La méthode que nous appliquions obligeait la personne à se déposséder de ses pouvoirs personnels. Elle était à l'antipode d'une forme d'aide qui permette l'émergence des compétences de la personne, dans le but d'en faire l'acteur principal du processus de changement.

À l'époque, nous initiions nos clients à la culture de groupes de support tels les A.A., les accompagnant aux rencontres de ces groupes qui, pensions-nous, les intéresseraient. Notre contrôle était sans limite ! Nous ne pouvions que reconnaître notre réussite, à très court terme : nous étions constamment là pour empêcher une rechute, pour freiner leur anxiété, pour répondre aux besoins (même avant qu'ils ne les formulent). Le client n'avait pas de place dans cette démarche. Son succès devenait notre succès et son échec, notre échec.

Le changement d'épistémologie s'est imposé pour nous de la façon suivante : nous avions le désir d'aider, mais nous nous rendions compte que nous faisions *à la place de.* À l'époque, nous ne qualifiions pas de contrôle notre type d'intervention. Peut-être aurions-nous changé plus rapidement notre type d'aide si nous l'avions identifié en ces termes. Ce type de contrôle est plus subtil, plus déguisé que celui appliqué dans le système de justice, par exemple. Nos clients se retrouvaient pourtant dans les mêmes situations qui les ramenaient aux mêmes *patterns* aussitôt notre vigilance relâchée.

Et nous recommencions le processus à la manière de Sisyphe. Nous devinions alors que quelque chose faisait en sorte que nos actions étaient toujours contrecarrées.

Après avoir travaillé six mois avec une cliente, j'ai consulté une psychiatre pour savoir ce que je pourrais faire pour que cette cliente comprenne et applique enfin mes recommandations. Je suis arrivée dans son bureau avec un dossier énorme sous le bras, contenant toutes les interventions que j'avais faites, espérant qu'elle diagnostique un trouble de la personnalité chez ma patiente et me suggère un médicament miraculeux. Elle m'a écoutée et m'a simplement dit: « Tu travailles trop fort, demande-lui de t'aider. »

Je crois que cette consultation a été la première secousse qui m'a permis de laisser entrer le doute et qui a ébranlé mes dogmes et vérités. J'ai, par la suite, dans les huit années qui ont suivi, refait la même demande dans des contextes similaires. J'ai recu la même réponse de la psychiatre; elle m'invitait à travailler avec le client pour qu'il développe des outils pour mieux gérer ses propres conflits. Le processus de changement, que ce soit pour l'intervenant ou le client, est un exercice long et graduel. Les consultations que je demande aujourd'hui au psychiatre ne visent plus à trouver des solutions dans l'énoncé d'un diagnostic d'un quelconque trouble de la personnalité mais à utiliser un tiers extérieur lorsque je suis dans une impasse.

En plus de l'inconfort que nous rencontrions (usurpation de la responsabilité et de l'autonomie du client), la relation protecteur/protégé (voir le texte de Suzanne Lamarre dans ce livre et Lamarre, 1998a) nous ramenait toujours à des actions de prise en charge de l'autre, et bloquait l'émergence des solutions possibles (de notre part, mais aussi du client lui-même). L'épuisement physique et psychologique de même que le sentiment de toujours recommencer le même processus, sans qu'il y ait de succès ni pour nous ni pour le client, nous frappaient profondément. Intervenir autrement était devenu une nécessité. Ce sentiment et cette urgence de devoir changer sont venus davantage par notre expérience pratique que par la connaissance théorique d'une autre épistémologie. Notre désir de travailler avec la personne en respectant son autonomie, sa capacité à agir à partir de ses propres compétences et en rapport avec son nouveau projet, nous a obligés à déconstruire nos sous-entendus épistémologiques. La théorie et la pédagogie du modèle prévalent ne convenaient plus.

Cette déconstruction de la problématique de l'alcoolisme-toxicomanie s'est faite par une remise en question des bases théoriques qui la sous-tendaient et par l'apprentissage d'une pédagogie qui s'articule dans l'action. Si la maladie de l'alcoolisme était une construction sociale, nous pouvions alors imaginer une épistémologie qui permettrait à la personne de trouver sa propre construction, sa propre lecture de la problématique, en découvrant pourquoi elle se laisse prendre dans le piège d'une accoutumance à un excès de psychotropes ou pourquoi elle entre dans la dépression, au lieu d'énoncer ses limites et ses besoins et d'agir, d'être active sur sa réalité. Nous nous sommes alors détachés d'une conception déterministe, causale et fataliste, et nous avons progressivement modifié non seulement notre conception des maladies, ici l'alcoolisme et la toxicomanie, mais aussi notre façon d'intervenir, notre conception de l'aide.

La perspective systémique

Les systémiciens, comme les constructivistes, disent que *la réalité est construite*. Comment définissent-ils alors la normalité et l'anormalité, la santé mentale et la maladie ?

Ce que l'on nomme pathologie dans le modèle traditionnel est vu, par les systémiciens, comme des relations qui confinent les personnes à des identités et les y maintiennent de façon récursive. Cette vision va ainsi à l'encontre des croyances voulant que la personne diagnostiquée « malade » possède un psychisme et une bio-physiologie perturbés. Pour un systémicien, « la pathologie peut être vue comme une qualité émergente d'une interaction » (Seron et Wittezaele, 1991, p. 49) et, j'ajoute, ceci dans un système donné, considérant que l'individu fait partie de plusieurs systèmes.

Comment de telles « réalités » sont-elles construites et comment perdurent-elles[2] ?

Pour les partisans du modèle prévalent, les personnes qui ont l'habitude de surconsommer des psychotropes ne se percevront comme alcooliques ou toxicomanes que lorsqu'elles seront étiquetées

2. Ce que nous venons de dire de la construction de la maladie mentale s'applique à la toxicomanie qui est classée, en Amérique du Nord, parmi les maladies mentales (voir note 1, p. 124).

ainsi; on leur construit une nouvelle identité en énonçant que c'est leur réalité.

Faut-il en conclure que les sujets qui viennent au GICAT ne sont pas touchés par l'étiquette négative posée sur eux, par leur famille, leur employeur ou leur médecin de famille ? Ont-ils décidé de la combattre parce qu'ils savent qu'ils y peuvent quelque chose ? Savent-ils que le symptôme identifié par leur entourage n'est pas l'unique problème mais le signe de quelque chose dont le système, auquel ils appartiennent, a permis l'émergence et le maintien ? Ou est-ce que dans le cas des sujets GICAT, toutes les conditions ne sont pas remplies pour que la désignation négative soit imposée et acceptée par le sujet lui-même ?

Dans la perspective systémique, le symptôme serait « le résultat d'une incompatibilité entre les finalités de l'individu et les finalités familiales » (Ausloos, 1983). Dans une telle situation, au hasard ou en raison de déterminants internes ou externes, un comportement, parmi une infinité de comportements, va produire certains résultats qu'il ne produisait pas habituellement, ou qu'il « n'aurait pas produit si le système ne s'était pas trouvé éloigné de l'équilibre. Ce comportement, produit par un membre du système, va être sélectionné, privilégié par les autres membres du système. Il va par la suite se répéter, être amplifié, en partie à la suite des réponses qu'il occasionne, en partie parce qu'il prend un sens particulier pour le porteur de ce comportement et pour les autres membres du système. » (Ausloos, 1983, p. 214-215) Lorsque le client et le système familial nous donnent le mandat de guérir le toxicomane, ils ont déjà cristallisé le symptôme.

Cette vision peut être associée à l'idée d'économie de souplesse dont parle Bateson dans le chapitre intitulé « Écologie et souplesse, dans la civilisation urbaine » (Bateson, 1980, t. II, p. 253-264). La dépendance à l'alcool et aux drogues s'installe progressivement, souvent sur une période de plusieurs années. Tous les acteurs — le sujet, la famille, l'entourage — doivent s'adapter à ces changements. Ceux-ci peuvent être retracés sur plusieurs niveaux : sur les plans physiologique, psychologique, familial, intrafamilial, occupationnel et relationnel.

Ces comportements répétitifs amènent souvent des tensions qui, si elles atteignent la limite extrême, conduisent à un épuisement. C'est alors qu'il y a perte de souplesse, le système est coincé. Bateson définit la souplesse comme une potentialité non engagée de changement. « Tout système peut être décrit en fonction des maxima et des minima autorisés pour chacune de ses variables interdépendantes ; au-delà ou en deçà de ces seuils de tolérance apparaissent inévitablement des malaises, des phénomènes pathologiques et finalement la mort. À l'intérieur de ces limites, la variable peut se mouvoir (et elle se meut effectivement), afin de permettre l'adaptation. » (*Ibid.*, p. 255)

Entre ces pôles extrêmes, la variable se meut pour mieux s'adapter. Lorsqu'une variable s'approchera d'un de ces seuils (le maxima ou le minima), elle sera comme la qualifie Bateson « guindée, coincée ». Étant donné que le système est composé de variables interdépendantes, les autres variables ne pourront changer sans modifier la variable coincée. La perte de souplesse se propage alors dans tout le système. Comme le mentionne Pauzé (1996, p. 105), l'émergence du phénomène pathologique sera le résultat d'effets cumulatifs de ce processus. L'épuisement de la souplesse est attribuable à certaines variables coincées qui peuvent s'emballer, voici un exemple :

L'aînée d'une famille de trois enfants nous téléphone pour que nous prenions sa mère en charge, afin de régler de façon définitive son problème d'alcool.

La demanderesse est très nerveuse, et elle veut que nous agissions immédiatement, que nous téléphonions à sa mère et la rencontrions la journée même. La mère et le père ne savent rien des démarches entreprises par leur fille. L'aînée se plaint qu'elle doit voir à tout, elle est la seule à vouloir et à pouvoir régler le problème qui désorganise toute la famille. Elle blâme une sœur qui, nous dit-elle, ne pense qu'à s'amuser et à s'occuper de son propre réseau familial. L'autre sœur cherche depuis vingt ans une thérapie qui lui permettra de régler un problème d'identité, de sentiment d'incompétence et de manque de confiance en soi. Le père est aussi blâmé. Qualifié d'autoritaire, il est présenté comme le bourreau qui, par son comportement, oblige la mère à surconsommer de l'alcool.

Dès la première rencontre familiale (tous les acteurs étaient présents), nous savons qu'il y a quatre ans un drame a éclaté au sein de la famille, et que chacun des acteurs en a été profondément blessé. La famille s'est brisée. Les relations entre les membres de la famille sont devenues disqualifiantes et blâmantes. On ne parle de cet événement qu'à demi-mot, laissant toujours un voile qui empêche la résolution ou la dissolution du conflit. La famille s'est rigidifiée, elle est devenue une famille coincée. La famille a perdu cette souplesse qui aurait permis la résolution du problème. La mère présentait un problème qui permettait une diversion du malaise familial. Elle est devenue la patiente désignée.

Quelques rencontres familiales avec les différents acteurs ont permis de mettre les mots sur le non-dit de ce drame familial et des rencontres individuelles ont permis à certains enfants de se décharger de tâches qu'ils s'étaient imposées, de démissionner de certains rôles devenus trop lourds, de sortir de la croyance que leur mère était la victime de son mari, et que son alcoolisme était coupable de la dislocation de la famille. L'éclatement de sa famille n'était plus alors pour cette dame la raison qui justifiait sa surconsommation d'alcool.

Être actif dans la démarche d'aide

L'approche systémique fait appel aux systèmes entourant la personne. Benoit, Malarewicz *et al.* (1988, p. 490) définissent le système comme étant un ensemble constitué par des éléments (et les attributs qui y sont rattachés) qui sont en interaction, et par ces interactions elles-mêmes.

Cette philosophie de l'intervention entraîne dans la façon d'intervenir l'élaboration de rapports avec l'environnement familial, social et occupationnel des sujets. Ce sont là des systèmes qui doivent être mis à contribution dès le début de la démarche. Ce travail se fait non pas pour identifier les causes de l'alcoolisme de la personne désignée mais pour comprendre ce qui maintient en place son comportement alcoolique ou toxicomaniaque et savoir comment, pour elle, ne plus tomber dans le piège de la compulsion.

Au GICAT, les membres de ces systèmes sont invités à participer à la démarche entreprise par l'un d'eux. Une fois réunies, les personnes appartenant à chacun de ces systèmes sont amenées, par les intervenants, à parler de leur rôle et de leur demande par rapport au sujet identifié comme porteur du symptôme. Par exemple, qui demande que l'alcoolique soit traité ? Qu'est-ce qui pose problème ? Quels sont les rôles des acteurs de la famille ?

Ces rencontres permettent aux participants d'entendre les perceptions de chacun des autres membres du système qui souvent ont gardé le silence ou ne se sont approchés du problème que pour tenter de contrôler le comportement symptomatique, ou pour blâmer le porteur du symptôme.

Pour l'équipe de travail, comme pour les acteurs coincés dans ce problème, ces rencontres familiales rendent visibles les interactions familiales ou du milieu de travail, les rivalités entre le sujet et ses pairs, les alliances exigeant tel changement chez le sujet, les tentatives de contrôle de la famille, la disqualification d'un membre par rapport à d'autres membres du système. Nous allons aussi chercher des informations auprès des membres de la famille et des collatéraux qui ont été, dans les familles rencontrées, non seulement des témoins significatifs, mais souvent des agents actifs lors de l'apparition et surtout de la cristallisation et du maintien du symptôme. Par exemple, une tante prend la fonction et le rôle de la mère lors de l'hospitalisation de celle-ci car le père, toxicomane, jugé trop dysfonctionnel pour assurer la fonction parentale, est exclu dans la réorganisation familiale.

Les rencontres familiales permettent aux intervenants de dire leur refus de prendre en charge le problème de la famille épuisée. Les intervenants disent leur refus d'être utilisés pour porter les secrets de l'un ou l'autre des acteurs des systèmes. Les membres de la famille doivent devenir des acteurs actifs de la démarche.

Les règles sont établies et dites dès la première rencontre : le sujet ainsi que les autres participants doivent être respectés ; le blâme et la disqualification sont des attitudes identifiées comme étant non aidantes. Nous gardons une place pour verbaliser des sentiments d'épuisement, de colère, de reproche et d'impuissance, mais cet espace est circonscrit dans le temps. Ce temps est alors aidant dans la mesure où les agents du système peuvent dire : « Voici ce que je veux et voici ce que je ne veux plus. » L'intervenant précise sa position qui en est une de collaboration et non de contrôle. Son rôle sera celui d'activer les compétences de chacun, non de résoudre le problème ou les conflits par ses propres solutions.

Dans ce progra,d'aide, nous offrons, en plus des rencontres familiales et individuelles, des rencontres de groupe. Ces rencontres hebdomadaires ont pour but de permettre au sujet de développer de nouveaux apprentissages et de nouvelles compétences, de comprendre le sens et la signification du rôle adopté dans ses modes relationnels. Les groupes sont petits (huit personnes) et ouverts. Les participants de niveaux différents se côtoient. Les plus anciens, par leurs acquis qu'ils savent nommer, témoignent et renforcent la faisabilité des changements de perspective. Les personnes qui participent à ces ateliers se proclament membres actifs ayant le désir de reprendre le pouvoir sur leur vie. La pédagogie du GICAT pousse le sujet au questionnement, à la découverte, à l'ouverture sur ses propres solutions, ses choix et alternatives. Ses présupposés théoriques sont à l'opposé de ceux du modèle prévalent.

Le tableau suivant permet une comparaison entre les deux modèles que nous avons présentés et met en évidence les différences entre les deux approches.

COMPARAISON DU MODÈLE PRÉVALENT
ET DU MODÈLE SYSTÉMIQUE PRATIQUÉ AU GICAT

APPROCHE DU MODÈLE PRÉVALENT	APPROCHE SYSTÉMIQUE
La toxicomanie est une maladie; une allergie physique doublée d'une obsession mentale.	La toxicomanie est une façon de s'organiser avec la vie et ses avatars.
Le toxicomane doit s'en remettre à une puissance supérieure car il a perdu tout pouvoir sur lui-même et sur le produit.	Le toxicomane doit se réapproprier son pouvoir et sa capacité à faire des choix.
Il existe une personnalité toxicomane.	Il n'y a pas de personnalité toxicomane; il y a des besoins insatisfaits qui font que l'on développe des comportements inadéquats.
La rechute est une information qui nous dit que la réorganisation n'est pas terminée.	La rechute procède de l'illusion d'un contrôle sur le produit et sur sa vie.
Le concept de maladie entraîne stigmatisation et étiquetage.	L'approche systémique rejette l'étiquetage et ouvre des voies aux changements.
Comme on connaît la cause, on peut prédire.	Ouverture à plusieurs pistes d'autonomisation.
L'acçeptation du statut de victime autorise la passivité.	Redéfinition de son territoire et activation de ses forces cachées, de ses compétences.
La maladie est dans la personne.	Le comportement alcoolique ou toxicomaniaque a une fonction adaptative.

Une pratique en évolution

Au GICAT, nous nous inspirons du modèle systémique. Nous adoptons la philosophie de ce modèle comme, par exemple, le refus de pathologiser un comportement. Nous croyons que la personne a la compétence requise pour régler ses problèmes, que le sujet à la compétence pour nommer son problème et qu'il est capable de le régler. Nous l'accompagnons dans le choix et dans l'application de ses solutions. Le sujet devra apprendre à respecter le territoire de l'autre tout en protégeant le sien.

De notre côté (celui des intervenants), nous devons dire quelles sont nos responsabilités, assumer nos limites et être capables d'entendre celles de l'autre, de travailler avec les systèmes qui sont significatifs pour le sujet. Cela veut dire aussi qu'il nous faut accepter de travailler avec l'information que le sujet nous donne. Nous tentons d'éviter les diagnostics qui nous mèneraient sur des pistes culs-de-sac. Par cette ouverture à l'autre, nous sommes capables d'accueillir et de créer à partir de l'imprévisible. Nous perdons cette fausse assurance qu'offre un diagnostic mais nous gagnons, dans l'ouverture, le choix de solutions.

Les sujets qui choisissent d'entreprendre cette démarche thérapeutique au GICAT doivent accepter d'être traités comme les moteurs premiers de leur changement. Ils doivent accepter un temps de chaos et de fluctuations pour s'ouvrir au changement. Ils doivent aussi risquer d'être autonomes ce qui implique l'acceptation de leur solitude, la reconquête de leur pouvoir personnel et la confiance dans leurs compétences. Ce travail d'introspection ne convient pas à tous et tous ne désirent pas cette autonomie et cette réappropriation des pouvoirs personnels. Les sujets qui cherchent un alter ego, ceux qui veulent être rassurés, ceux qui ne veulent ou ne peuvent risquer d'être en processus de changement et d'en être les maîtres ne poursuivront pas leur démarche au GICAT.

Quant à ceux qui réfèrent des clients au GICAT, d'autres difficultés se posent. Ils sont étonnés qu'on leur demande d'être actifs dans le processus thérapeutique. Ils sont tentés dès qu'un échec survient, par exemple une rechute, d'exiger du sujet qu'il recoure aux ressources traditionnelles, par exemple la cure en interne. La croyance veut que le problème se résolve après trois semaines d'internement et de désintoxication. Le besoin d'être rassuré est présent mais aussi le doute en leurs propres compétences, en celles du sujet lui-même surtout (et de ses systèmes) et en une approche différente de celle généralement appliquée.

Ce modèle comporte, entre autres, une limite pour un centre privé non subventionné. Il est onéreux de pratiquer certaines suggestions faites par le modèle systémique, comme par exemple la présence de deux praticiens aux rencontres familiales.

* * *

Comme nous le disions plus haut, nous ne prétendons pas appliquer le modèle systémique de façon rigide, ni celui-là uniquement, nous apprenons à la suite de nos expériences réussies et de celles qui le sont moins à développer un modèle qui nous sera propre et qui répondra aux besoins de notre clientèle, laquelle évolue aussi.

Notre but est d'offrir, par notre réflexion et notre pratique, une ressource différente à une clientèle qui ne se satisfait pas de l'approche du modèle prévalent, une ressource qui agit autrement et qui est, elle aussi, en processus.

Cette proposition permet aussi de sortir du débat « alcoolisme-abstinence »/« alcoolisme-boire contrôlé » qui sont souvent les seules voix entendues et les seuls choix possibles. Nous concevons l'alcoolisme et la toxicomanie tantôt comme une solution par leur rôle adaptatif, tantôt comme un problème par la cristallisation d'un malaise ; le comportement de la trop consommation étant une des fonctions qui permet soit le maintien d'un système de relations chaotiques soit sa déconstruction et l'émergence de relations mieux adaptées (voir annexes ci-après).

Les guerres entre écoles de pensée nous enferment dans des systèmes où la collaboration et la coopération ne peuvent s'installer. Sans ces deux prémisses que sont la collaboration et la coopération, nous ne croyons plus qu'un changement durable puisse se faire. Sans elles, l'ensemble des participants subissent des processus de disqualification, alors que ce que nous recherchons c'est la confirmation des personnes et de leurs capacités. Sans elles, il y aura toujours, trop souvent encore, un intervenant pour reprendre la prise en charge.

Annexe 1

Crise non résolue : résistance au changement
On sait, on résiste, on répète

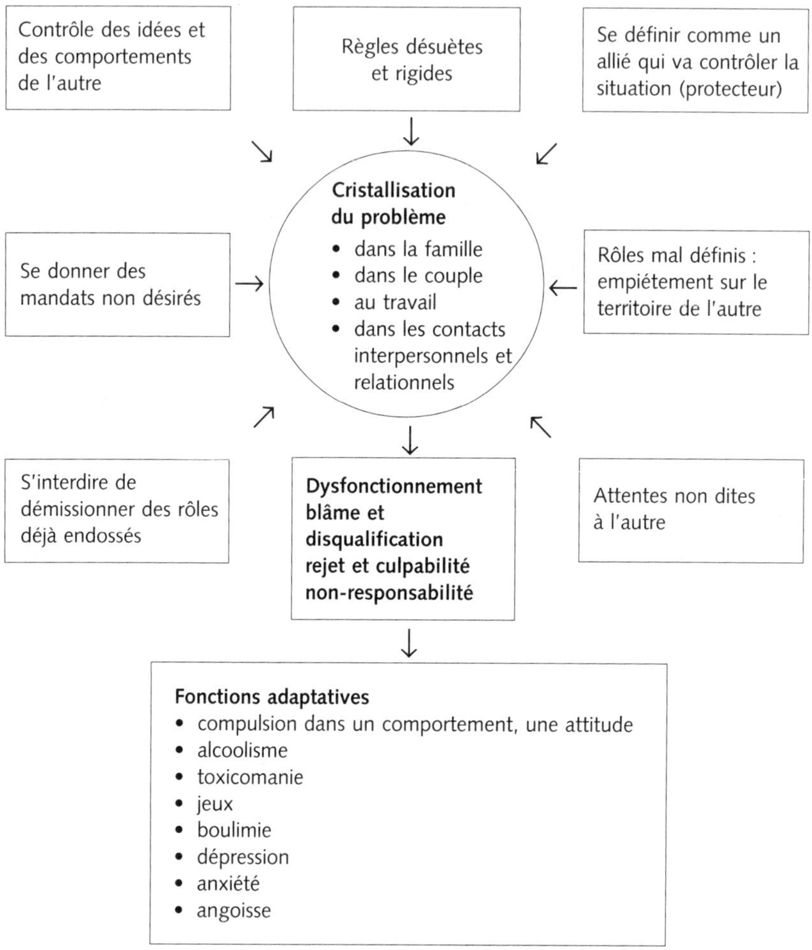

Source : GICAT inc., nov. 1998.

Annexe 2

Crise résolue : changement et adaptation
On lève le voile, on laisse entrer l'inconnu
et on met en mise le risque

Adaptation réussie : émergence de solutions multiples →

Territoires de l'un et l'autre mieux définis →

Règles négociées →

Gestion du stress :
vers la résolution des problèmes, qu'ils soient d'ordre

- familial
- conjugal
- professionnel ou
- relationnel

L'alcoolisme, la toxicomanie ne sont plus choisis comme solutions possibles, inévitables ou ayant une fonction adaptative

← Communication ouverte et souple

← Rôles définis, choisis et négociés

← Ni dépendance, ni indépendance, mais interdépendance

↓

- Augmentation de la confiance et de la coopération
- Perception de soi grandie
- Amélioration de sa compétence à régler des problèmes
- Responsabilisation : fonctionnement plus aisé, absence de blâme, de disqualification

Source : GICAT inc., nov. 1998.

La protection de la jeunesse

Jacques Bruneau

L'abord systémique de la violence, de la maltraitance d'enfants et de jeunes en particulier, que je propose dans ce texte, a un caractère exploratoire. Mais cette approche personnelle se veut surtout utile à ceux et celles pour qui aider et soutenir constituent la profession.

Je suis personnellement convaincu qu'une telle approche pourrait permettre l'émergence d'une pratique protectionnelle différente prenant réellement en considération la complexité du contexte : non seulement l'enfant et son milieu mais également l'institution et l'intervenant(e) désigné(e) chargés d'apporter aide, conseils et assistance dans ce *contexte d'autorité*, autorité qui leur a été déléguée en vertu de la loi.

Le travail quotidien effectué dans la prise en charge de ces enfants se fait sous mandat (soit de type administratif, soit en vertu d'une ordonnance judiciaire), dans une perspective à la fois de contrôle social des conduites et d'aide au développement (des changements doivent être apportés à cette occasion au sein de la famille), afin que la sécurité et le développement de l'enfant ou de l'adolescent soient de nouveau assurés.

Le passage d'un modèle analytique, où prédomine une logique disjonctive, de type ou/ou, à un modèle écosystémique, où prédomine une logique conjonctive, de type et/et, ouvre de nouvelles perspectives d'intervention et d'organisation du travail clinique. Dans le modèle analytique, méthode classique utilisée en sciences, la recherche du principe explicatif d'un objet quelconque s'effectue en isolant ce dernier de son environnement (pensons aux recherches faites en laboratoire), en le décomposant en chacun de ses éléments constitutifs, et ainsi de suite, pour tenter d'en découvrir le fonctionnement selon un principe de cause à effet. Dans l'autre modèle, la compréhension est recherchée en construisant des liens entre l'objet étudié et les autres objets environnants, en tenant compte du contexte concerné, des relations entre les différents objets, etc. Je pense à ce propos à la formule de synthèse d'Héraclite, souvent citée: « Joignez ce qui est complet et ce qui ne l'est pas, ce qui concorde et ce qui discorde, ce qui est en harmonie et ce qui est en désaccord. »

En adoptant une approche de type systémique, l'articulation de pratiques aussi distinctes que celles du droit, de la gestion et de l'*aide contrainte* s'impose comme une tâche prioritaire possible, afin d'éviter que les familles « signalées » ne soient prises en otage par l'appareil socio-judiciaire et pour qu'un réel travail de collaboration puisse être effectué, permettant ainsi l'émergence d'auto- et d'intersolutions.

Cette exploration me permettra de vous présenter trois parcelles de ce territoire très controversé de la Protection (légale) de la Jeunesse: la violence, la Loi sur la protection de la jeunesse ainsi que le métasystème d'intervention, qui n'est rien d'autre qu'une unité complexe d'intervention, une forme de *triangle relationnel*.

La violence et la maltraitance

Question de famille (?)

La maltraitance et la négligence d'enfants participent du fait social et ne sont plus *une réalité* limitée à l'univers familial (privé) dès lors que celle-ci est portée à l'attention d'une autorité publique, tel le directeur de la protection de la jeunesse (le DPJ).

Comment définir cette réalité ? Nous avons retenu la définition donnée par le psychiatre Jorge Barudy puisqu'elle présente l'avantage de ne pas laisser sous-entendre que la violence serait une affaire de famille isolée de tout contexte social, dont les parents seraient les seuls responsables (au sens de coupables).

> Tout acte ou toute omission commis par des individus, des institutions ou la société en général, et toute situation provoquée par ces actes ou leur absence, privant les enfants de soins, de leurs droits et de leur liberté ou empêchant leur plein épanouissement constituent ce que nous allons appeler maltraitance ou négligence. (Barudy, 1997, p. 34)

Polymorphisme de la violence

À l'ère des communications de masse, nous sommes quotidiennement informés de l'état du monde, de sa violence et de ses conflits, ainsi que de ceux présents à l'intérieur des frontières du pays que nous habitons. Nous sommes également concients des conflits existant dans notre quartier, notre rue, notre famille... comme nous le sommes de nos conflits internes (non encore résolus !), sur les plans personnel et interpersonnel.

Cette violence, catégorie générale à l'intérieur de laquelle nous pouvons inscrire le problème de la maltraitance et négligence d'enfants et d'adolescents, ne connaît pas de frontières et, à cet égard, le phénomène du tourisme sexuel, c'est-à-dire l'exploitation sexuelle d'enfants dans leur propre pays par des adultes provenant de l'étranger, constitue un exemple tout à fait probant et pertinent.

Par ailleurs, compte tenu de l'évolution des connaissances dans ce domaine, la violence ne saurait plus être conçue aujourd'hui comme l'effet d'une cause unique, d'un dérèglement temporaire et unidirectionnel (notamment comme une perte de contrôle de soi), ou encore comme la propriété singulière et exclusive d'un sous-ensemble social périphérique quelconque (tels un quartier pauvre, un centre-ville délabré et laissé à l'abandon, une banlieue multiethnique de mégapole), ou enfin comme un fait confiné à un secteur d'activités (tel celui du monde de la drogue, du racket, de la prostitution, etc.).

Le polymorphisme d'une telle présence de la violence ne cesse d'étonner les citoyens inquiets tout comme sa présence au sein des quelques espaces de vie relationnelle privilégiés (que nous aurions volontiers cru protégés, parfaitement sécuritaires) que sont la famille, l'école, les milieux de loisirs organisés pour les enfants et la jeunesse. En effet, ces espaces de (re)production de la vie, d'éducation et d'instruction, de jeux et de socialisation ne sont pas dépourvus du danger d'exploitation et d'aliénation au niveau de la relation de l'adulte (protecteur et possible prédateur !) et de l'enfant.

Fait additionnel de non moindre importance, les institutions, chargées d'apporter des solutions au problème de la violence et de ses conséquences sur la personne, font preuve, elles-mêmes, à l'occasion, de comportements aberrants d'un point de vue éthique. Nous pouvons difficilement éviter d'évoquer au passage les violences institutionnelles telles que le recours de manière excessive à la force lors d'une arrestation policière, ou encore dans un autre domaine, le sort réservé aux « enfants de Duplessis ».

Qui plus est, l'organisation actuelle du travail, dans sa forme dominante, n'est pas non plus dépourvue d'éléments de violence — et nous ne pensons pas ici qu'aux seules relations sexistes et aux diverses formes de « dominations mâles », comme par exemple l'iniquité salariale. Il en va de même pour la surcharge de travail engendrant un trop grand stress et de ses conséquences sur la santé des travailleurs, de méthodes autocratiques et archaïques de gestion et d'organisation du travail qui réduisent la personne qui travaille au statut de simple « facteur de production », affecté à un travail parcellisé et dépourvu de *sens* et de *signification*.

Pensons aussi aux relations intervenant-usager comportant parfois du mépris pouvant aller jusqu'aux coups et blessures graves. Autant d'éléments auxquels il serait nécessaire de nous attarder très sérieusement. L'épuisement professionnel dans les domaines de la relation d'aide est maintenant un phénomène bien connu ; cet état peut mener à divers comportements, de négligence notamment.

Je donnerai enfin un exemple de violence, dont j'ai eu connaissance dans mon milieu d'activité : Marc, un enfant de sept ans, présentant plusieurs comportements difficiles pour lesquels le juge a ordonné le placement en milieu substitut, est régulièrement confiné dans un enclos à cochons désaffecté, appartenant à ses « parents d'accueil ». Comment tolérer cela ? Comment protéger Marc de tels abus ?

Une législation protectionnelle

Ainsi la violence, violence conjugale ou violence familiale, et la maltraitance en particulier (peu importe ici la forme symptomatique que peut prendre cette dernière, tels la négligence grave dans les soins de base essentiels à l'enfant, l'abus sexuel, l'inceste, le recours systématique à des corrections physiques comme principal mode éducatif, etc.), sont-elles devenues, en quelque sorte, « monnaie courante », des phénomènes fortement médiatisés (l'affaire Beaumont par exemple), très rapidement oubliés à chaque fois, bien que de plus en plus largement dénoncés.

Depuis quelques années, une réponse par le droit et les tribunaux s'impose en ce domaine. En effet, une législation protectionnelle a été élaborée, introduisant des moyens exceptionnels d'intervention dans la sphère de la vie privée. La Loi sur la protection de la jeunesse (LPJ) s'inscrit dans ce mouvement social. L'actuelle loi a été adoptée en 1977 pour être mise en vigueur en 1979. Parfois qualifié de « police des familles », l'appareil mis en place peut intervenir d'autorité dans la vie des familles signalées et prendre les mesures d'urgence qui s'imposent. Cette loi signe la fin non seulement de la toute-puissance paternelle ancestrale, mais également, au nom de l'enfant, de la plus récente autorité parentale reconnue également au père et à la mère...

Or, tout se passe comme si la judiciarisation des problèmes sociaux avait succédé à leur médicalisation antérieure, dans le domaine de la santé mentale du moins, alors qu'un travail conjoint s'imposerait. En étant quelque peu critique, nous pourrions affirmer qu'appliquer « une médecine » ou ordonner « une mesure », ne réussiront pas à éradiquer le problème, si jamais son éradication pouvait être conçue comme un objectif souhaitable et réaliste.

En effet, si la loi détermine *un cadre d'intervention* et procure des moyens d'action, elle n'épuise pas la complexité des interactions humaines. De là cette nécessité de recourir au savoir-faire clinique, dans une perspective globalisante qui permette une relecture du phénomène traité. La fausse sécurité produite par une forme de réductionnisme est à éviter en une matière où la conjonction des efforts devrait prévaloir; la coopération ne s'impose-t-elle pas en effet comme une responsabilité collective ?

La Loi sur la protection de la jeunesse

> Le modèle constitue une médiation indispensable entre l'élaboration de la loi et la compréhension du sens de la Loi.
>
> P. Gréco, cité par B. Walliser, 1977, p. 143

Un projet de collaboration

Cette loi québécoise, exemplaire en son domaine, lie l'ensemble des citoyens et citoyennes à l'obligation de veiller à la sécurité et au développement des enfants et des jeunes. Cette responsabilité collective s'exerce principalement par l'obligation du signalement.

> Tout professionnel qui, par la nature même de sa profession, prodigue des soins ou toute autre forme d'assistance à des enfants et qui, dans l'exercice de sa profession, a un motif raisonnable de croire que la sécurité ou le développement d'un enfant est ou peut être considéré comme compromis au sens de l'article 38 ou au sens de l'article 38.1, *est tenu de signaler sans délai* la situation au directeur ; la même obligation incombe à tout employé d'un établissement, à tout enseignant ou à tout policier qui, dans l'exercice de ses fonctions, a un motif raisonnable de croire que la sécurité ou le développement d'un enfant est ou peut être considéré comme compromis au sens de ces dispositions.
>
> Toute personne autre qu'une personne visée au premier alinéa qui a un motif raisonnable de croire que la sécurité ou le développement d'un enfant est considéré comme compromis au sens du paragraphe g de l'article 38 est tenue de signaler sans délai la situation au directeur. [...] (Extraits de l'article 39 de la Loi sur la protection de la jeunesse).

Dans la mesure où cette responsabilité reste limitée à cette action de signaler, j'ai la conviction que ceci ne respecte pas le sens de la loi qui prévoit un degré beaucoup plus élevé d'implication de la collectivité, notamment au niveau de la prise en charge. Comme j'ai déjà traité de cette dimension ailleurs (Bruneau, 1996), je n'insisterai pas ici. Je résumerai toutefois l'essentiel de ma position à ce sujet.

Le projet de protection de la jeunesse contenu dans cette loi — faire de la sécurité et du développement de la jeunesse une responsabilité collective — s'est en fait traduit par une appropriation technobureaucratique de cette responsabilité. Autrement dit, par la mise en place d'un appareil dominé par des « experts » qui recourent à diverses procédures de contrôle (bien plus que de confiance), de régulation et de gestion. Tel n'était cependant pas le projet proposé par le législateur.

Le rôle du DPJ et du personnel autorisé

Cette loi crée également une fonction sociale importante, celle de Directeur de la Protection de la Jeunesse (DPJ). Présents dans chacune des régions administratives du Québec, les DPJ et leur personnel autorisé ont comme tâches de :

1. Recevoir les signalements d'enfants et de jeunes donnés par les citoyens.
2. Faire une évaluation sur le terrain, si un signalement est jugé recevable et crédible, cette évaluation comportant une enquête relative aux faits rapportés et leur vérification.
3. Prendre une décision quant à la compromission de la sécurité et du développement de l'enfant, à la suite de l'évaluation globale.
4. Confier la situation à une équipe, dans le cas d'une compromission admise par les parents et l'enfant (selon son âge), le problème et la responsabilité étant reconnus. Cette équipe est chargée de l'application des mesures qui auront été soit convenues, sur une base volontaire, soit éventuellement ordonnées, sur une base judiciaire, par ordonnance du Tribunal de la jeunesse.

Même si cette formulation permet théoriquement beaucoup de latitude à l'intervenant dans l'exercice de sa profession d'aide (au criminologue, travailleur social, psychologue, éducateur, etc.), il n'est pas du tout évident qu'il en soit ainsi sur le terrain, à moins qu'un certain nombre de clarifications soient apportées, en ce qui concerne notamment la confidentialité, la nature de la relation intervenant-client et sa signification particulière liée au contexte d'autorité, le contenu du mandat et sa portée ainsi que l'imputabilité.

Ce contexte d'intervention oblige à réexaminer diverses notions élaborées dans d'autres contextes et qui peuvent, dans un contexte d'autorité (où existe l'obligation de recevoir), engendrer de graves malentendus. Il en va ainsi de la notion de confidentialité qui peut être levée par le juge lors d'une comparution qui n'apparaissait pas probable au début de l'intervention.

Exercer un contrôle social

Élaborée pour protéger les enfants et les jeunes, pour veiller à leur intérêt et au respect de leurs droits, cette loi donne au DPJ l'obligation sociale de contrôle des comportements symptomatiques déviants des parents. Plus l'enfant impliqué dans la situation signalée est jeune, moins le travail sera effectivement effectué auprès de celui-ci et plus il s'effectuera auprès des parents, donc de la famille comme entité. Ainsi, protéger la petite enfance négligée (et ces situations sont les plus nombreuses), c'est travailler auprès de jeunes adultes-parents présentant divers problèmes tels une toxicomanie, une maladie mentale, un problème de carence affective, etc.

Protéger la jeunesse consiste, dès lors, à contrôler les comportements parentaux jugés inappropriés en termes de soins. Or, ces parents demandent très rarement de l'aide et ne reconnaissent que très difficilement que la situation est problématique... Ils tiennent encore bien moins « à passer au tribunal ». Protéger l'enfant s'avère ainsi une situation très délicate qui requiert beaucoup de compétence. Cela ne se fait pas non plus sans risque de confusion des rôles et des fonctions, ce qui mène parfois à l'abus d'autorité.

En fait, il s'agit de l'articulation de trois « autorités » : celle des parents, celle du DPJ et éventuellement celle du juge. Si la famille possède des règles de comportement qui lui sont propres, l'appareil de la Protection de la Jeunesse possède également les siennes, tout comme le tribunal. Il s'agit là d'une « intersection dangereuse » où l'enfant (compte tenu de sa capacité de compréhension, de sa tolérance au stress, etc.) peut être écorché au passage. À cet égard, il suffit de souligner que la notion du temps chez l'enfant n'est pas la même que chez l'adulte, et que les délais inhérents au processus socio-judiciaire sont bien suffisants pour « égarer » l'enfant dans ce dédale. Qu'il me soit permis d'insister ici sur le fait qu'une autre forme d'autorité devrait, au nom de l'enfant, s'imposer : celle de la compétence.

Dans l'esprit du législateur, l'approche ou le modèle socio-judiciaires étaient privilégiés (avec antériorité du social sur le judiciaire) et devaient poursuivre un objectif de *déjudiciarisation*, de *non-judiciarisation* par la signature d'ententes volontaires entre les parents, l'enfant (selon l'âge) et le DPJ. Autrement dit, la collaboration aurait dû prédominer sur la contrainte et le contrôle.

Contrôler et aider (?)

L'intervention était en effet conçue à l'origine comme une intervention avant tout sociale (psychosociale, voire médico-psycho-socio-éducative) et exceptionnelle, subsidiairement judiciaire. Dans la réalité, environ 80 % des interventions effectuées en vue d'une prise en charge, et en vertu de cette loi, se font actuellement sous ordonnance du Tribunal.

Cette situation a de multiples impacts sur la pratique et conduit presque à un constat d'échec et d'impasse. L'une des conséquences dramatiques est de subordonner la relation d'aide aux divers jeux de procédures et de règles judiciaires, tels ceux qui encadrent la preuve, le contrôle des faits, le témoignage, l'expertise ou la contre-expertise. Pour les 20% d'interventions restantes, elles s'effectuent également en vertu de la même loi, mais sous le régime des mesures dites « volontaires » (qui le sont plus ou moins compte tenu du contexte d'autorité et de négociation inégale dans lequel s'effectuent ces dernières).

La réalisation des mesures de protection, négociées ou ordonnées, revêt ainsi toujours le caractère d'une intervention sous mandat et d'une exécution de mandat *liant* autant l'enfant, la famille que l'intervenant.

Telle est la situation tout à fait spécifique de l'intervention d'aide, de conseil et d'assistance à l'enfant et à sa famille. Dans ce contexte, l'aide ne devient-elle pas plus ou moins synonyme de contrôle ? Ne sommes-nous pas en présence d'un double lien, c'est-à-dire dans l'inconfortable position de faire quelque chose et de faire simultanément son contraire ? Le but mixte recherché (aide et contrôle) ne doit-il pas être clarifié ? Jay Haley donne une définition claire des deux objectifs :

> L'objectif d'un thérapeute est d'introduire une plus grande complexité dans la vie des personnes, au sens de briser des séquences répétitives de comportements [inadéquats] et de susciter de nouvelles alternatives. [...]
>
> Les agents du contrôle social poursuivent bien l'objectif inverse. Ils tendent à normaliser les personnes dans la communauté et à réduire l'imprévu. Ils veulent que les perturbateurs retrouvent un comportement prévisible et habituel, afin que personne ne soit plus dérangé. Au lieu de pousser au changement et à la recherche de nouveaux

comportements, ils favorisent la stabilité afin d'éviter les plaintes des citoyens. (Haley, 1980, p. 123)

Est-il possible de sortir de ce paradoxe ? Ou bien comment faire avec, de sorte que l'intervenant ne soit pas perçu et ne se perçoive pas lui-même comme un agent double ?

Le métasystème d'intervention

> ... il faut apprendre à résoudre le problème qui consiste à poser le problème !
>
> Jean-Louis Le Moigne, 1990, p. 66

Une histoire de triangle relationnel

Comme nous l'affirmions dans l'introduction, l'abord systémique de la maltraitance, de la négligence et de l'abus peut permettre l'émergence d'une pratique protectionnelle différente. Cette pratique devrait être moins confuse pour le client, n'étant ni contrôle exclusif des conduites parentales, ni soutien thérapeutique seul. Elle devrait également être plus confortable pour l'intervenant dont le mandat deviendrait enfin clair.

Quelle est la nature du mandat social confié au DPJ et comment comprendre le mandat de la « personne autorisée », responsable d'apporter de l'aide, dans chaque situation impliquant un enfant ?

Le triangle relationnel

Une pratique renouvelée, remodélisée, devrait prendre réellement en compte les trois acteurs de la situation signalée : l'enfant signalé et son milieu ; la personne qui signale et son contexte d'appartenance, l'intervenant désigné ainsi que son institution chargés d'apporter l'aide dans ce contexte d'autorité. À cela, il faut ajouter la *dynamique relationnelle* qui s'instaure au sein de ce rapport triangulaire. Nous pouvons schématiser ceci de la manière suivante :

La dynamique relationnelle

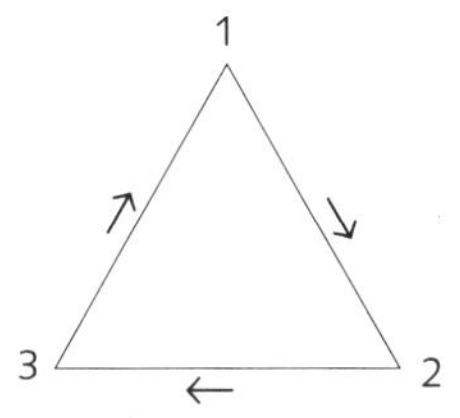

1. La personne signalante et son contexte.
2. L'enfant signalé et son milieu (patient désigné).
3. L'intervenant assigné et son milieu organisationnel.

Le problème étant ainsi globalement posé, nous devrions être mieux à même de comprendre la nature du jeu relationnel dans lequel les divers acteurs s'activent pour le bénéfice de l'enfant, de sa famille et de la société.

Comme l'affirme Jean-Claude Benoit : « Dans les faits, bien des praticiens engagés dans l'aliénation ou la déviance "bricolent" leurs actions familio-systémiques dans des temps limités et dans leurs espaces habituels de travail. » (Benoit, 1995, p. 182) C'est ce à quoi nous travaillons, de façon également bricolée, dans notre milieu de travail et dans l'exercice de notre fonction de chef de service, chargé à la fois d'opérer de l'encadrement administratif, de dispenser de la supervision clinique et de la formation permanente. L'équipe réfléchissante (entendons qui a la capacité d'apprendre) n'est-elle pas condamnée à *réinventer sa réalité* ?

En ajout au modèle légal et officiel, le modèle socio-judiciaire, nous avons à construire un modèle à notre niveau de responsabilité, même lorsqu'il s'agit d'un niveau d'exécution de mandat « contracté » par un tiers. Un modèle qui nous aide et nous aide à aider, et qui supporte l'intervention. S'appuyant sur la perspective formulée par Théodore Caplow (1986), pour qui « toute interaction sociale est par essence triangulaire et non linéaire », Jacques Pluymaekers (1989) a très bien formulé l'enjeu relationnel de base spécifique au domaine de la protection légale de la jeunesse : *quelqu'un confie un troisième à un second.* Nous pouvons schématiser ce rapport de la manière suivante :

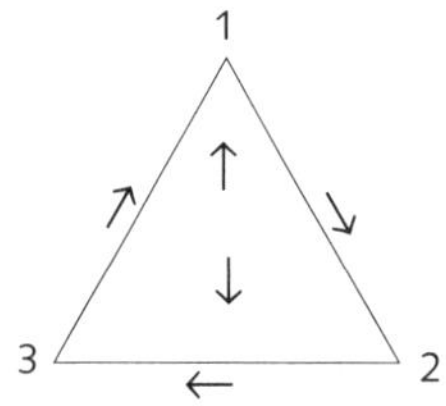

1. Le DPJ (directeur de la protection de la jeunesse), par l'intermédiaire des « mesures volontaires » négociées entre la protection de la jeunesse et ses parents, ou encore le juge de la jeunesse, par ordonnance
   confie
2. l'enfant dont la sécurité et le développement ont été statués compromis
   à
3. l'intervenant assigné au dossier et chargé d'apporter l'aide.

Chaque fois que nous abordons une situation nouvelle (et chaque situation est spécifique tout autant que chaque individu dans son réseau de liens), connaître le *jeu* dans lequel nous entrons s'impose comme une tâche prioritaire, et c'est en ce sens qu'il nous faut apprendre à résoudre le problème qui consiste à *poser le problème*. Rappelons que ces *jeux de la complexité* sont dans une mouvance perpétuelle faite d'alliances, de frontières, de règles, d'apprentissages, de niveaux, etc. Rappelons aussi que dans le contexte de la Protection de la Jeunesse, c'est toujours le signalement qui initie le jeu relationnel et non pas la demande, tel qu'il est classique de le voir dans le domaine de l'aide.

Le courage du changement

Très officiellement désignée par la loi comme zone de contrôle social des conduites déviantes, la Protection de la Jeunesse est chargée, comme nous l'avons vu, de recevoir, de l'ensemble des citoyens et de l'ensemble du personnel œuvrant au sein des réseaux de la santé et des services sociaux (même celui lié par le secret professionnel, ce qui n'est pas le moindre des paradoxes), ainsi que du personnel du système éducatif, tous les signalements de situations d'enfants en souffrance.

La conséquence de cette obligation est une *déresponsabilisation collective* à moins que le DPJ puisse, après évaluation, restituer l'exécution du « mandat-contrat » à la collectivité, c'est-à-dire aux parents en premier lieu, puis au milieu social. Tel était le but contenu dans la loi à sa mise en œuvre et qui ne s'est jamais réalisé dans les faits. À l'inverse, nous avons vu que le cumul des rôles et fonctions, à la fois de contrôle social et d'aide aux familles, constitue un facteur de confusion et d'inefficacité. En ne respectant pas la loi de l'intérieur en quelque sorte, la DPJ semble avoir fait son propre malheur.

Le courage du changement s'impose donc. Il devrait passer par une autocritique globale afin de sortir de cette forme d'enfermement. Une mise en cause profonde du modèle officiel de référence et de sa mise en œuvre s'impose. La fabrication de nouveaux outils d'intervention (comme de machines-outils à la suite du développement de l'informatique) ou encore la localisation des équipes d'intervention à une plus grande proximité des clientèles ne suffisent pas.

Mise en cause du modèle actuel

Ce qui est en cause relève d'un mal profond qui se nomme la bureau-technocratie, c'est-à-dire une manière à la fois de penser et d'organiser « la solution », d'imposer par le haut plutôt que de mettre ensemble les efforts pour cocréer les auto- et les inter-solutions. À ce niveau, ce qui doit être mis en cause, c'est le modèle de gestion et d'organisation actuel de la Protection de la Jeunesse. La manière d'organiser le travail relève en effet d'un choix de gestion. Nous avons fait état précédemment des responsabilités confiées au DPJ par la loi, mais pour l'instant il n'existe à ce sujet aucune marge de manœuvre.

Voici un exemple illustrant la lourdeur du processus d'intervention. Pierre est signalé par le responsable de l'éducation physique à l'école. En effet, très souvent absent de ce cours, Pierre lui a avoué qu'il voulait cacher aux autres élèves les marques de coups qu'il porte. Le conjoint de sa mère le frapperait et ceci depuis plusieurs mois, depuis la naissance en fait de l'enfant du couple.

Le professeur a contacté le centre de réception des signalements qui a jugé la plainte recevable. Celle-ci est ensuite acheminée à une seconde personne afin que la « matérialité des faits » puisse être établie. C'est le médecin de la clinique locale qui les a effectivement confirmés. Devant ce résultat, le cas de Pierre est confié à une troisième personne pour qu'une évaluation approfondie de la dynamique familiale soit conduite et qu'une orientation soit formulée.

Vu les circonstances, le conjoint niant tout de la version de l'enfant et la mère épousant les affirmations de son conjoint, le tribunal est saisi de l'ensemble de la situation de Pierre, l'ordonnance et son exécution étant confiées à une personne affectée à cette fin.

Ce modèle d'organisation du travail, efficace d'un point de vue institutionnel puisqu'il permet de « processer » beaucoup de cas, est à la limite de l'acceptable du point de vue de l'enfant, mais aussi de la famille.

À quelles conditions « nos partenaires — je parle de ceux de la Protection de la Jeunesse — accepteront-ils enfin de jouer avec nous à cette énigmatique double contrainte : celle d'être contraints d'apporter de l'aide à quelqu'un que nous avons contraint de devenir spontanément volontaire de la recevoir ? Je pense surtout ici aux changements à apporter dans les conditions internes des « établissements jeunesse », et aux conditions externes liant entre autres les enfants, les parents, les ressources communautaires et les réseaux de services.

Comment s'en sortir ?

De cette brève incursion dans ce domaine d'intervention qu'est la protection légale de la jeunesse, il peut se dégager une impression plutôt troublante. En effet, si le cadre de référence sur le plan légal apparaît suffisamment clair — et la loi ne serait pas à mettre en cause, du moins à ce niveau —, il en va tout autrement, dans ce contexte, des cadres de référence clinique et d'intervention qui diffèrent du contexte thérapeutique activé classiquement par une demande pouvant parfois, il est vrai, en cacher une autre.

Briser les murs

Un travail d'adaptation du savoir-faire clinique, construit dans des contextes différents, demeure une tâche à effectuer dans les circonstances (comme le transfert de connaissances et le développement de connaissances nouvelles). D'un tel travail procéderaient des outils utiles à l'intervention protectionnelle.

Ce recours au savoir (et non seulement à la loi et à l'autorité d'intervention que cette dernière confère) devrait non seulement permettre d'effectuer un travail conforme à la loi et au droit, au niveau de ce que nous appellerons la PLJ (la Protection Légale de la Jeunesse), mais aussi de « plonger », avec les principaux intéressés (les jeunes, les parents, les voisins...), dans la complexité des jeux familiaux.

Le génogramme, le recadrage, le rappel constant des divers niveaux de la communication humaine et la théorie du lien d'attachement représentent quelques-uns des « instruments » de la bonne boîte à outils de l'intervenant lui permettant de faire de la PJ (la Protection de la Jeunesse) dans la perspective élargie d'une approche familio-systémique.

La Loi de la protection de la jeunesse a bientôt vingt ans. Compte tenu du fait qu'il s'agit d'un domaine encore très « jeune » d'intervention, n'est-ce pas l'occasion idéale de questionner *la réalité* mise en avant ?

Le courage du changement, auquel nous pensions en écrivant le présent texte, que nous voulons contributif au développement social, consiste à *joindre*, à *faire des liens*, plutôt qu'à élever des murs inamovibles de plus en plus hauts, paradoxe humain fondamental consistant à construire des protections pour s'y retrouver enfermé !

Conseils à suivre

Lors d'une conférence que j'ai donnée aux intervenants d'un Centre Jeunesse, j'ai insisté, non sans une certaine dose d'exagération (à des fins pédagogiques bien évidemment), sur trois types d'erreurs ainsi que sur trois solutions, tout à fait exagérées, qui pouvaient guetter l'intervenant dans sa pratique. Je les livre à votre réflexion.

Erreurs à éviter

— Nier, cacher ou minimiser l'importance et l'impact du contexte d'autorité de la pratique (qui implique notamment le non-respect de la règle de l'art dans le domaine de l'aide, soit la confidentialité).

— Faire de la thérapie malgré tout et réaliser, nonobstant, son rêve (mal caché) de devenir un grand thérapeute de famille, sauver ainsi les enfants et obtenir enfin la reconnaissance professionnelle des confrères et consœurs pratiquant dans les autres domaines.

— Devenir un agent de contrôle social et suivre à la lettre ce que demande le chef et les prescriptions procédurales diverses ; autrement dit, devenir un expert technicien de la PLJ.

Solutions excessives

— Quitter son lieu d'exercice... en obtenant une promotion hiérarchique.
— Changer de profession, en devenant un agent de contrôle social après avoir suivi la formation appropriée dans une école désignée.
— Faire le deuil d'un certain type d'exercices de la profession d'aide et manifester le courage du changement, en effectuant le passage de la PLJ à la PJ, sans être un hors-la-loi.

* * *

Nous avons été formés à aider mais notre malheur tient au fait que nous avons été peu ou pas préparés à faire ce métier dans un contexte autre que celui de *l'idéal-type* du bureau privé recevant une demande mûre, claire, et simple... si une telle situation existe !

Finalement, je pense que tout intervenant doit avoir le courage de s'interroger quotidiennement et d'explorer la *réalité familiale*. En d'autres termes, il s'agit, pour chacun d'entre nous, de construire et de reconstruire sans cesse du sens.

Journal d'Aurore

Itinéraire d'une intégration

MARC-ANTOINE GINGRAS

JE M'APPELLE AURORE. J'ai tiré ce récit d'un journal intime que j'ai rédigé comme s'ouvre le cocon pour que s'en libère la vie, comme on force l'huître pour en extraire la perle, mais aussi comme on fouille le fossile pour en puiser le charbon. Vous y trouverez les échos du voyage où j'ai vogué d'un inconnu à l'autre, où j'ai tenté de m'accrocher au passé qui pourtant ne me nourrissait plus, où j'ai cherché dans la pénombre les lumières d'un lendemain qui ne soit plus l'amer prolongement d'un univers rendu stérile.

Durant ce périple, j'ai recherché à tâtons comme une enfant perdue le chemin du berceau, j'ai déboulé comme une pierre lestée la falaise du désespoir, j'ai cherché dans une tornade les marches qui mèneraient à une nouvelle vie, et, souvent prostrée dans l'impuissance, j'ai voué mon âme aux limbes.

Au cœur de cette odyssée, j'ai fait la rencontre d'un psychothérapeute avec qui, d'étape en étape, j'ai appris à me connaître ou plus exactement à reconnaître ce qu'en moi j'avais oublié. Étrange thérapie ! Elle fut d'abord une bouée de secours, se transformant en course au miracle, pour enfin devenir le grand miroir d'un moi enfoui, pierre précieuse oubliée. Cruelle thérapie ! Où faisant le décompte de mes entraves, je les ai brûlées au feu de cette relation. Où j'ai laissé tomber l'armure qui étouffait la fraîcheur de l'enfance. Où dans l'implacable rappel des blessures passées, j'ai apprivoisé le rejet, cet épouvantail omniprésent qui convertissait en frustrations récurrentes mes relations. Où j'ai appris à parler différemment, à moi-même d'abord, puis à ceux qui m'entourent, que j'aime, ou qui croisent mon chemin. Voici le récit de l'émergence et de l'incarnation d'un *autre moi*, celui qui attendait patiemment dans la vérité de mon être que je ne sois plus effrayée par cette ultime relation!

Ce récit, rappel de mes réflexions et de mes souvenirs de thérapie, je vous l'offre, simplement, comme on offre des fleurs, comme on tend la main à celui que l'on accueille.

Le rêve initiateur

Je suis seule dans une cellule aux barreaux acérés. Je baigne dans une lumière diffuse. J'évite de penser qu'il s'agit là d'une prison. J'entretiens des relations avec d'autres prisonniers que je ne distingue pas vraiment. Je m'habitue aux murs qui me servent d'écran. Peu à peu je m'acclimate à l'environnement, j'y trouve mon confort. Je suis passablement habile à pourvoir à mes besoins quotidiens. Manger, dormir, socialiser et travailler, remplit mes journées. Je suis parvenue, me semble-t-il, et malgré tous les obstacles, à un certain équilibre, à une certaine maturité. À preuve, je ne vois plus les barreaux, je suis parfaitement adaptée.

Pourquoi alors cette sensation sournoise de malaise, ce goût amer de vide, ce sentiment d'être à l'étroit? J'ai soif de choses que je ne peux identifier. J'ai beau chercher, je ne trouve rien, j'ai tout ce qui me convient. Mais plus j'observe et plus je ressens un feu qui brûle mes entrailles, une chaleur oppressante consume mes énergies. Je m'occupe l'esprit en redoublant d'ardeur. Manger, boire, respirer, travailler m'est devenu une drogue, une course folle pour échapper à l'obsession. Si mon esprit n'est pas absorbé, la pression s'intensifie. Elle assiège la tête et me pince le cœur, elle me prend à la gorge et parfois me porte un coup au plexus. Je roule sur une vague dont je contrôle de moins en moins le mouvement. Les saisons se succèdent aléatoirement et sans grand intervalle. Ma sécurité s'estompe, je survis sur la pointe des pieds, comme un pendu au dernier souffle.

Un jour, une vision me saisit, me laisse perplexe. Subrepticement la prison disparaît. En un instant, plus de murs, de barreaux, ni de serrures. Seule, diaphane, une clé gît sur le sol dans le noir. J'hésite. Quelle porte ouvre-t-elle ? Je risque un pas. Une mystérieuse chaussée s'offre à mon regard. À chaque pas elle s'éclaire, mais d'une lumière provenant de l'intérieur des pierres comme si la source de cette lumière reposait en leur sein et que les pierres devenaient des étoiles balisant ma route. De plus, bien que les pierres semblent rondes, chacune offre à mon pied l'équilibre nécessaire comme si elle était plate. Cette chaussée a son mouvement propre de sorte qu'elle se déplace comme si elle scandait mes pas.

Quelle surprise de voir cette route qui éclaire mes pas, soutient mon équilibre et ne cesse d'apparaître sous mes pieds à la seule condition que j'ose m'y avancer. Les paroles d'une vieille chanson viennent hanter mon esprit : « Il n'y a de chemin que pour celui qui marche. » Sous cette troublante ambiguïté, la voie m'apparaît comme un visage aimant qui m'accueille et m'invite. Cardinale, elle s'ouvre à toutes les directions. Le vent porte mon souffle, le désir soulève mes pas, la pensée crée la destination.

Apprivoisant la peur, je deviens la marche et le chemin, je suis la liberté. Ma chair fleurit, mon cœur déploie ses ailes. Pour la première fois de ma vie je me sens véritablement humaine. Comme si une intelligence nouvelle me rendait apte à percevoir, derrière les yeux de mes semblables, le regard nu de la vie. Y circulent librement des touchers nourrissants et, selon les aléas de la vie, au gré des nécessités, se dressent sans violence des frontières légitimes. Parfois la pluie tombe, ou le tonnerre fait rage, mais chaque mouvement de l'être est accueilli à neuf, offrant sa nouveauté sans la gêne d'une interdiction, d'une condamnation, d'une menace. Des continents de formes investissent l'œil, des éclairs de pensée enrichissent l'esprit, des marées émotives irriguent le cœur, un concert de sensations envahit le corps. C'est l'envol de la vie, de son aventure.

* * *

Ah ! dire la perplexité dans laquelle ce rêve me plongea. D'une part l'enthousiasme, comme si je venais d'apprendre qu'un nouveau pays dont je n'avais même jamais soupçonné l'existence était à portée de main et que je pouvais jouir de ses panoramas. D'autre part, la douleur de constater qu'il m'était impossible d'y accéder. Qu'il était trop différent, trop incertain, sans repère connu, inaccessible à mes vieilles habitudes et que de toute façon un mur imprenable m'en séparait.

Ah ! ce rêve ! Son incitation me faisait tellement peur ! Et la persistance de son invite rendait terne une vie jusqu'alors captivante. Je résolus, plus ou moins consciemment, d'en gommer les images. Impétueusement, je m'appliquai à les délaver puis, patiemment, à les supprimer une à une pour me convaincre qu'elles n'avaient jamais existé.

Curieusement toutefois, durant ce minutieux labeur, un malaise croissant me tenaillait, comme si le champ de bataille qui habitait mon esprit s'était déplacé dans le corps. Mon cœur commençait à fléchir sous le poids de cette situation ambiguë. Chaque battement du cœur devenait un tourment, les incertitudes quotidiennes éveillaient d'énigmatiques fantômes, les frustrations se résolvaient en paniques. Plus je réduisais au silence l'espoir d'un renouveau, plus je condamnais au vide cet espace en moi qui réclamait ma présence, plus la vie quotidienne devenait insupportable. « Je ne te reconnais plus », me reprochait mon conjoint, Pierre, « je ne sais plus comment te prendre. » Il ne comprenait pas que nos projets communs me laissent indifférente, il ne saisissait pas ce qui me transformait de volcan en désert.

Impuissante, entre les larmes et l'angoisse, en colère d'être ainsi déracinée, ayant effacé les pistes qui me permettaient d'accorder malaises et vie, je décidai de consulter un psychothérapeute.

Automne[1]

Une main repose sur la poignée de porte et l'autre sur la sonnette. J'espère que celle-ci ne fonctionnera pas. Je me rends en consultation

1. Les notes explicatives qui suivent ont pour but de mettre en évidence les éléments systémiques théoriques sous-jacents au récit. Or, ces notes peuvent facilement induire une fausse perspective de la relation de changement évoquée durant ce récit. En effet, la description des éléments théoriques peut porter à croire que le thérapeute manipule la relation comme un chimiste le ferait dans son laboratoire, en insérant ou en retranchant divers ingrédients, à froid ou à chaud, dans son éprouvette ; éprouvette qui serait ici un être

comme on va à la messe implorer le salut, comme on se rend à la cour plaider l'innocence, dans le doute absolu du verdict !

Mi-implorante, mi-accusatrice, vais-je imposer à quelque bourreau imaginaire le soin de pourfendre mes tourments ? « Bonjour docteur, je ne sais trop quoi vous dire, mais on m'assure de votre compétence. Sûrement que vous pourrez déceler dans ma détresse les causes de ce qui m'afflige et que rapidement vous apporterez les corrections nécessaires. »

Décontenancée, je l'entends, pauvre Candide, me demander d'exposer mon problème et de lui dire en quoi il peut m'être utile[2]. Que diable ! C'est lui pourtant le médecin, ce n'est pas à moi d'établir le diagnostic ! Moi, je sais simplement que ça ne va plus !

Agressive, je pense : « Vous feriez mieux de vous appliquer à me soulager de ce calvaire. » Comment lui faire comprendre, à ce penseur apparemment impuissant, que j'ai peu de temps à perdre avec ses balivernes, que je dois rapidement reprendre mon train-train, que de plus intéressants débats me sollicitent, que j'ai autre chose à faire que de m'apitoyer sur moi-même ?

Ah ! Monsieur veut savoir ce que je ressens lorsque je vais bien[3], comment cela serait si mon état se détériorait[4], et ce qui se produit lorsque mon mari me rappelle avec insistance les premiers jours de notre vie commune ?

Comprend-il que c'est lui qui doit trouver le remède à mon mal et prescrire la potion ? Accouchera-t-il du diagnostic qui m'indiquera le chemin de la guérison ?

Ses « que faites-vous lorsque vous n'en pouvez plus », ou ses « que feriez-vous de différent si vous vous sentiez bien », m'irritent au plus

humain. Cette conception serait davantage dans la lignée de la cybernétique de premier ordre. Dans la cybernétique de second ordre, l'observateur, donc le thérapeute, est inclus dans le processus observé (voir « Cybernétique » dans Benoit, Malarewicz *et al.*, 1988, p. 96 — que nous désignerons plus loin par *Dictionnaire* —, et Amiguet et Julier, 1996, p. 64). Il faut donc voir dans ces notes des réflexions faites a posteriori. Ces éléments apparaissent au cœur d'une interaction où tout est co-construction, comme dans une danse où les figures, la durée et le nombre de danseurs ne seraient pas prédéterminés.

2. Questions favorisant le passage à la démarche de demande. Voir Amiguet et Julier, 1996, p. 131.
3. Question pour favoriser l'actualisation des ressources.
4. Anticipation du pire. Voir *Dictionnaire*, p. 18.

haut point. Pense-t-il que je peux jouer de façon désinvolte avec cette réalité qui est la mienne ? Veut-il tourner le fer dans la plaie ? Ne voit-il pas que j'ai toujours contrôlé ma vie et que j'ai honte d'être ainsi réduite à l'impuissance ?

Depuis un an, j'essaie par tous les moyens de camoufler ma détresse. Et lui me parle comme si je pouvais tirer parti de ce malaise qui s'avère, il devrait en convenir, mon pire ennemi[5]. Je n'ai pas de temps à perdre à méditer sur l'adversité ! L'adversaire, je l'écrase et je file sur le chemin que je me suis tracé[6].

* * *

Les rencontres se déroulaient telle une véritable guerre de tranchées. J'avais peur de céder le moindre iota d'un contrôle qui m'aidait à tenir le regard à l'écart de moi-même. On aurait dit que le thérapeute voyait ce double besoin qui m'habitait, l'impulsion d'abolir d'un geste le monde extérieur qui m'agressait, et la volonté de trouver, en filigrane, le moyen de me soustraire à cette contrainte. Ma rébellion, je sentais qu'il la respectait comme s'il me disait : « Vous avez droit à votre colère, je ne suis pas ici pour être aimé. Vous pouvez avoir envie de mordre et de réfuter... parlons de ce que, ce faisant, vous ressentez. » Un jour, désabusée, je l'envoyai paître. Il me regarda dans les yeux, puis respectueusement, mais fermement, il répliqua : « Mais qui dit que vous devez changer[7] ? C'est très bien de revendi-

5. Pour une réflexion sur les différentes perspectives concernant le symptôme, voir Amiguet et Julier, 1996, p. 238.

6. Dans la perspective de la cybernétique de premier ordre, ce début de rencontre se caractériserait par une lutte entre le thérapeute et le client pour occuper la position basse. C'est la position de celui qui est dans l'impuissance. Elle est complémentaire à la position haute, celle de celui qui a le pouvoir, en l'occurrence de celui qui assume la responsabilité de la recherche de solution (*Dictionnaire*, p. 390). Dans la perspective de la cybernétique de deuxième ordre on dirait plutôt que, dans cette étape de la rencontre, le thérapeute reste davantage en marge, laissant le client occuper le centre de la relation, tandis que le client aimerait que le thérapeute occupe ce centre (Amiguet et Julier, 1996, p. 253).

7. Plutôt que de prendre la position d'expert « parental » en imposant le : « tu dois changer », le thérapeute valide la position autonome du sujet et évite la confrontation stérile, rigidifiante.

quer le droit de rester telle que vous êtes, ou de souhaiter changer, sans vous tourmenter pour autant[8]. »

Ah ! la solitude que j'ai ressentie[9] ! Il semblait qu'à tout moment, le ruisseau qui nous séparait pouvait devenir rivière ou fleuve selon mon humeur et que toute ma destinée reposait sur mes seules épaules. Comme si soudainement le thérapeute se soustrayait à la possibilité d'être le père et la mère, tortionnaire ou débonnaire, qui prendrait en charge le contrôle de ma personne. Solitude de choisir le chemin à parcourir, le compagnon de route, la direction à prendre[10] !

Solitude et présence ! Car pour une rare fois je ressentais quelqu'un de vrai à mes côtés, prêt à marcher avec moi ou à s'arrêter selon mon désir. Présence qui n'allait pas me dicter le chemin, qui me permettrait de l'explorer. Solitude qui me ramenait à moi.

Quel contraste avec le monde de mes relations quotidiennes. J'entendais mon amie, Yvonne : « Voyons Aurore, ressaisis-toi et remonte la pente. » La seule façon de résister à l'idée de la blâmer fut de pleurer. Je soulageais ainsi un surcroît de pression, tout en ne risquant pas de perdre cette amie, j'en avais si peu. Avec Pierre c'était de la véritable escrime. L'autre jour, devant ses reproches, je ne pus me retenir. Il rétorqua aussitôt : « Tu ne sais pas ce que tu veux, tu laisses planer le mystère sur tes véritables désirs, puis tu m'accuses de ne pas les satisfaire. »

J'apprivoisais laborieusement le malaise, voire l'effroi, d'être en quelque sorte responsable de mon comportement. Peu à peu, mon regard se dirigeait vers un espace nouveau et j'éprouvais quelque gêne de n'avoir pas songé plus tôt qu'en moi se trouvait caché quelqu'un qu'il me fallait connaître.

En thérapie je pratiquais souvent l'esquive, je tâchais inconsciemment de prendre le thérapeute en otage, l'accusant de ne pas me

8. Amplification de la position du client, ce qui peut avoir pour effet le passage d'une rétroaction négative à une rétroaction positive par l'augmentation de la tension dans le système (voir « Thérapie familiale expérientielle symbolique » dans *Dictionnaire*, p. 521). Pour le concept de rétroaction (feedback) et son évolution, voir Elkaïm, 1989, p. 11 à 17 et p. 37 à 49 et *Dictionnaire*, p. 52 et 452.

9. Rétroaction positive. Passage de la demande de « sauvetage » à une expérience émotionnelle nouvelle de différenciation.

10. Bifurcation et rétroaction évolutive (Elkaïm, 1989, p. 47).

libérer de la triste condition humaine[11]. Maintenant le temps était venu, phœnix aux ailes de colère, de plonger au cœur de mon histoire[12] sans tourner la tête.

Hiver

Tapie en moi est une violence qui m'aspire vers mon enfance. Que je sois ici, au travail ou avec Pierre, je n'ai devant les yeux qu'un océan de misère que je croyais oubliée. J'ai mis trente ans à peaufiner l'exil d'une terre qui m'a rejetée. Je me suis hissée, mains nues, hors de l'ornière ! J'ai bravement rangé toutes les blessures pour les entasser pêle-mêle dans un fichier. J'ai renoncé à perdre du temps avec ce qui n'a pas de sens, j'ai cadenassé la trappe du sous-sol. Cessez de me harceler avec des affaires rangées !

Vous voulez que j'entre dans un jardin que j'ai muré ?... J'entends votre question, apparemment banale, posée avec le naturel d'un oiseau qui retourne à son nid : « Le mouvement de retrait lorsque Pierre vous touche, pensez à un moment, dans un passé lointain, où vous l'avez ressenti[13]... »

L'océan se rapproche comme si je suis la rive dont il lèche les pieds. Je ne vois devant moi ni médecin ni remède. Je me sens perplexe, assise en retrait dans l'attente d'un père dont la caresse ne m'a jamais effleurée. Je me sens revivre une absence qui ne devrait plus me blesser ! Oh supplice ! Je vois combien mon cœur est voilé. Moi, la fille forte d'un père toujours fier de son enfant, j'ai perdu mémoire d'un vide qui me glace.

Qui êtes-vous donc, Monsieur, qui prenez ma main hostile pour me conduire en ce pays ? Je regrette toute ma vie ! Je me trouve froide et hautaine et vous êtes là, serein, à me croire humaine[14]. Une

11. Rétroaction négative.

12. Pour une réflexion sur l'utilisation non linéaire de l'histoire personnelle en systémique (n'allant pas à l'encontre du principe d'équifinalité donc de causalité circulaire), voir « Lois générales et singularités » dans *Dictionnaire*, p. 299.

13. Résonances (Elkaïm, 1989 ; Amiguet et Julier, 1996, p. 203) et exploration du génogramme (*Dictionnaire*, p. 229).

14. La relation thérapeutique favorise l'émergence de nouveaux « soi », et devient un processus de cadrage géniteur d'apprentissage de niveau III, c'est-à-dire où la définition que l'on a de soi-même est transformée. (Voir note 45.)

seule des paroles que vous énoncez, dans la bouche de ma fille ou de mon mari, me ferait bondir sur place ou pleurer en catimini ! Et je me retrouve devant vous au contraire à réfléchir éperdument. Que se passe-t-il ? Aurais-je raté ma vie ?...

« Où donc était votre mère lorsque vous regardiez votre père qui ne vous touchait pas ? » demandez-vous[15].

« Elle berçait mon frère et demandait à mon père de lui décrire avec minutie ses activités du jour. Puis, elle m'expliquait qu'il était important que nous soyons tous unis, que je devais aimer encore plus fortement mon père, que c'était un homme remarquable, et que mon frère serait un jour à son image. »

« Vous avez donc assez aimé votre père pour ne pas vous en approcher[16] », me dites-vous. Vous faites basculer en moi ce qui me reste de sens commun. Vous renvoyez ma colère à sa case de départ afin qu'elle m'apparaisse comme un chevalier servant[17].

J'aurais donc à mon insu aimé à ce point mon père ! Je l'aurais protégé du courroux de ma mère qui se serait déchaînée s'il avait manifesté pour moi quelque préférence !

Par votre regard[18], Monsieur, je reconnais en moi les réactions de ma mère, et lorsque vous me demandez si parfois je me sens menacée par ma fille, mon ventre se resserre et je ne sais alors si je dois vous haïr ou me dévoiler plus avant[19].

Vous semblez comprendre que je me sens submergée et que j'ai besoin d'un peu d'air. « Donnez la permission à votre corps de respirer comme il lui convient et de changer de posture selon ses

15. Questionnement circulaire (*Dictionnaire*, p. 433).

16. Recadrage (Elkaïm, 1989, p. 176).

17. Les recadrages présentés ici nous renvoient à la notion du changement comme création d'une nouvelle histoire, d'une nouvelle narration. (Voir « La narration en thérapie » dans Elkaïm, 1995, p. 553.)

18. Toute la problématique de l'émergence de l'observateur réside dans le fait que si l'on ne voit pas, on ne change pas, et que lorsque l'on ne voit pas, on ne voit pas que l'on ne voit pas (voir les travaux de Maturana dans Elkaïm, 1989, p. 72). Changer devient une expérience émotionnelle et cognitive intense de recréation de la relation avec soi-même. Or cette émergence se fait essentiellement au sein d'une interrelation (Jung, 1963, p. 107).

19. Le sens nouveau induit par le recadrage favorise l'émergence de l'observateur (Elkaïm, 1989, p. 158 et p. 82; *Dictionnaire*, p. 142).

besoins. Lorsqu'une brûlure afflige une partie du corps, même si vous reconnaissez votre douleur, vous n'êtes pas obligée de souffrir comme si tout le corps en était affecté. Vous pouvez alors réserver une part d'énergie pour remédier à la situation[20] », enchaînez-vous. Me laissant perplexe, vous me suggérez, n'est-ce pas, que la vie dans toute sa cruauté peut encore receler un secret qui la rende viable...

« Que se serait-il passé si, faisant fi des interdits de votre mère, votre père tendrement vous eût enlacée ? » me demandez-vous. Un frisson parcourt mon ventre, je me sens rougir du sexe au visage. Je suis si honteuse que je cherche du regard un coin de votre bureau où me cacher.

« Votre mère et votre père vous auraient donc protégée d'une détresse dans laquelle il leur répugnait de vous plonger ? » Là c'en est trop ! Que cette banquise polaire, ma mère, puisse avoir de bons sentiments à mon endroit m'apparaît intolérable. Je sais trop bien que le contrôle lui est indispensable.

« Vous n'êtes pas obligée de l'aimer pour autant », dites-vous. Je suis sidérée, et vous ajoutez qu'il serait peut-être temps que je songe à la possibilité de cesser de protéger ma mère et de la laisser se débrouiller seule avec son besoin de contrôle. De la laisser libre de choisir de mourir ainsi ou de vivre autrement. Que ce serait peut-être moins généreux de ma part mais probablement plus respectueux de sa liberté. À moins que je ne tienne à tout prix à la soulager en l'instaurant gardienne à perpétuité de ma pudeur, pour l'occuper ainsi et lui éviter de penser à elle-même[21].

La bouche entrouverte, je me sens comme à l'interface de programmes multiples, ne sachant pas à quels stimuli réagir[22]. À la simple évocation du nom de ma mère, d'habitude c'est la colère qui surgit. Elle m'est familière, nulle surprise ne me guette. Aujourd'hui, je ne sais choisir entre la révolte contre sa domination, une certaine gratitude envers sa protection et ses égards, et le chagrin devant la pauvreté de nos échanges.

Je ne dis mot et je me surprends, confuse, à fixer votre regard. Imperceptiblement, j'y décèle une nouvelle façon de voir. Dans vos

20. Validation du sujet autonome et de ses ressources, même en situation de détresse.

21. Recadrage et loyauté invisible (voir note 46).

22. Perplexité et flexibilité nouvelle face à la double contrainte.

yeux se mirent des possibilités nouvelles. Je suis portée un instant sur la vague d'un renouveau où mon identité peut enfin « surfer » librement.

Je comprends bien alors ce que je pressens depuis la première rencontre. Dans vos yeux, aussi attentifs à vous-même qu'à ma présence, je peux trouver la permission d'être qui je suis. Être simplement, comme en un matin d'été, à l'abri, dans un champ de marguerites sauvages, sous un bouquet de nuages, à respirer le ciel.

* * *

Les propos du thérapeute se sont insinués au rythme des semaines dans un quotidien qui ne m'offrait plus de voie d'évitement[23].

Souvent confuse, je naviguais entre l'enfance et l'immédiat, touchée comme jamais auparavant par une soif de tendresse que je ne me connaissais pas.

Je regardais ma fille Catherine[24] et, dissimulé derrière les « fiche-moi la paix », mon cœur gémissait et voulait férocement s'ouvrir pour lui offrir cette tendresse que ma mère m'avait toujours refusée. J'étouffais sous une poigne de fer, et mes gestes d'amour se transformaient en autant de fœtus avortés. D'un geste abrupt, je refusais à ma fille un simple chemisier qu'elle voulait m'emprunter. Lorsque Pierre s'approchait de Catherine, je bondissais pour dresser dare-dare la liste des corvées inachevées. Comme si, en les privant d'intimité, je vengeais cet amour dont enfant j'avais été privée[25].

Paradoxalement, je me sentais moins seule, fascinée par cette compréhension qu'enfant la pudeur de papa m'avait servi de cadre protecteur, étonnée de découvrir que derrière toute cette glace une flamme avait toujours brûlé, que l'amour n'attendait qu'un souffle

23. Prolongement dans la vie quotidienne de l'expérience émotive vécue en thérapie et donc autonomisation de l'émergence de l'observateur.

24. La recherche transgénérationnelle des relations passées favorise l'émergence de l'observateur dans les relations présentes.

25. Le changement présenté ici n'est pas le résultat de la découverte d'une cause linéaire « objective » d'un problème, mais plutôt le fruit de la réécriture d'une histoire ; réécriture au cours de laquelle les différents éléments subjectifs de l'existence seront retissés pour former un nouvel assemblage et porter ainsi une nouvelle signification. (Voir note 17.)

pour être attisé, que le givre était en fait une vapeur que de bonnes mais maladroites intentions avaient indûment cristallisée[26].

En rêve je fus quelquefois surprise par mon père. Il déposait, tendre et chaleureux, un baiser sur mon front tandis que s'échappaient de son sourire quelques paroles tendres: « Je t'aime tant, petite princesse de mon cœur. »

Je souffrais de plus en plus du fossé qui se creusait entre ce qui naissait intimement en mon être et ce que je projetais sur ceux que j'aimais[27]. Cet écart produisait en moi une tension nouvelle que je ne pouvais mesurer. Comme si, enchaînée, je me privais des bienfaits d'une source généreuse qui m'était offerte, et que d'en être consciente rendait insupportable la frustration[28]. Plus que la colère, un chagrin, forme curieuse de désespoir, berçait mon âme. Je me surprenais, moi, inflexible épée, à devenir fontaine et je croyais parfois préférable de reprendre le combat.

En ces moments où je frisais le déchirement, je tentais de retrouver mon identité afin d'éviter l'orage. Parfois, je m'asseyais dans mon fauteuil préféré et, bercée par la musique de Wagner, j'observais les mamours des oiseaux. À l'occasion, la chatte se posait sur moi et, inspirée par son calme, je laissais mon corps fluctuer au rythme de ma respiration. Un jour que j'observais ma colère, elle m'apparut symbolisée[29] par un amas de roches pressant contre mon cœur. Plus j'observais ces roches[30], plus je croyais entendre les « ne-fais-pas-ça » ou les « fais-ceci — fais-cela » de ma mère. Je sentais une lame de

26. Les parents « coupables » deviennent dans la nouvelle histoire des parents ayant des limites. Voir le concept d'exonération de Boszormenyi-Nagy (Amiguet et Julier, 1996, p. 273).

27. Le changement de relation en soi-même amène le désir d'un changement interrelationnel.

28. Double contrainte ou double lien. Voir *Dictionnaire,* p. 121.

29. Apprentissage de type II: apprendre (en thérapie) à faire de la place au corps et à accueillir ses ressources se déploie en apprendre à symboliser donc à faire suffisamment confiance à ses ressources pour tolérer une libre circulation de l'information véhiculée par l'émotion.

30. En demeurant sujet même en présence d'émotions habituellement submergeantes, il y a possibilité d'être en relation avec l'information que recèle l'émotion. Pour une étude approfondie du processus que j'oserais qualifier de « systémique intrapsychique », voir Crombez, 1994.

fond déferler de mon ventre et je m'entendais riposter brusquement: «Tu ne vois jamais d'autres que toi dans cette maison», pour l'entendre se plaindre: «Tu ne remarques pas tous les sacrifices que je m'impose pour toi.»

Les images continuaient de défiler. Je sentis qu'un hérisson venait nicher au plexus et qu'au moment où tous mes muscles allaient se bander, la vanne d'un barrage s'ouvrait. De ma gorge relâchée, des sanglots se frayaient un chemin. Quelques mots voguaient sur les flots: «Comme tu me manques.»

À ce moment, Pierre entra dans le salon. Je lui fis signe de s'approcher, mais il me souffla qu'il ne voulait pas me déranger. D'habitude cette phrase m'insultait, mais cette fois je fus touchée par la délicatesse de sa pudeur. Wagner battait sa dernière mesure. Pierre fit jouer Mozart et, exceptionnellement, entre nous, la chatte ronronnait.

Un jour Pierre laissa traîner la vaisselle. J'allais le lui reprocher, quand cette image des roches me revint[31]. Étonnée, je ne pus que grogner un: «Tu laisses encore traîner la vaisselle», et j'allai faire une promenade. Tout en ventilant le surcroît de tension, des questions surgissaient qui me poussaient à la réflexion: «Que ressens-tu? Que veux-tu de lui? Pourquoi tant de colère?» Progressivement je prenais conscience de mon désir de discuter avec Pierre de notre entente sur le partage des tâches. Je ressentais aussi l'insatisfaction profonde que me faisait éprouver sa froideur à mon égard et mes réticences à son endroit. Je percevais qu'au fond j'étais heureuse de ces motifs de frustration car ma colère assurait et justifiait notre éloignement. Et je me mis à prier que l'intensité de la colère me fournisse l'énergie nécessaire pour oser lui en parler, même si je risquais de créer un rapprochement et de déranger le confort tranquille et solitaire qui était le sien[32].

Le lendemain ma mère me rendit visite sous prétexte de récupérer quelque marmite qui lui manquait. «Comment vas-tu aujourd'hui?» me demanda-t-elle. Ah! le geyser soulevé par cette petite phrase assassine, ramenant à la surface l'odeur nauséabonde d'une enfance que j'avais traversée sous la férule du comportement parfait! La

31. Apprentissage de type II: il y a transposition de l'apprentissage d'un contexte à un autre. C'est apprendre à apprendre.

32. Double contrainte réciproque dans la relation conjugale (Elkaïm, 1989, p. 17).

dame de fer allait-elle me distiller encore aujourd'hui sa recette du bonheur : « Tu as tous tes membres, remercie le bon Dieu », relevant du même coup ma fragilité actuelle ? Me voyant peut-être prête à bondir, elle enchaîna rapidement : « Je me fais du souci pour toi. As-tu passé une bonne nuit ? » Je restai interdite, à un carrefour d'émotions contradictoires, comme si je devais choisir entre boire une eau de source ou une eau d'égout. Je pris le temps de considérer qu'elle se préoccupait peut-être sincèrement de mon état et, me sentant sous la garde d'une colère apprivoisée, je me risquai : « Est-ce que parfois tu rêves de caresses et de mots tendres ? » Interloquée, une lueur humide perlant à son œil gauche, elle balbutia, en rougissant, quelques lieux communs sur l'importance de l'affection. Je devinai un malaise sous l'indifférence qu'avait endigué la rigide soumission au devoir. J'enfermai en moi-même les pleurs de cette enfant que ne consolait aucun cœur maternel, sa nostalgie et sa colère à la fois. Ce jour-là, je compris qu'il était possible de mépriser un comportement sans pour autant chercher à en exterminer l'auteur.

Je naviguai ainsi entre la crise, l'effondrement et l'observation de nouvelles perspectives, pour saisir tout doucement que ce moment de transition était un moment de deuil et que je pouvais, même maladroitement, m'y accompagner.

Je pense à quel point mes parents m'auraient manqué si, en quittant la maison, je les avais en quelque sorte extirpés de mes gènes. J'avais emprunté leur modèle de vie, de sorte que l'inconnu ne m'effrayait pas trop. S'était installé en moi un programme de tri inconscient qui m'aidait à déterminer les réactions aux diverses situations que j'affrontais. Mais je pense aussi combien ma propre vie m'a manqué[33].

Printemps

« Donnez à cette enfant que vous êtes tous les touchers qu'elle mérite. Parlez-lui de la fleur qu'elle est à vos yeux et du soleil que vous serez toujours pour elle[34]. Assurez-la que plus jamais vous ne

33. Émergence de l'observateur : conscientisation de la double contrainte réciproque dans la famille d'origine et de la relation conflictuelle entre loyautés personnelle et familiale.

34. Utilisation de la métaphore (voir ce mot dans *Dictionnaire*, p. 321 et, pour une étude plus complète, voir Kérouac, 1996).

laisserez de banquise dériver sur elle et que vous la nourrirez de contacts intimes comme on laisse la pluie imbiber le sol[35]. »

Ah ! ces paroles ! Volée de flèches qui me pénètrent et blessent le cœur ! Comme souffre un fruit mûr que l'on arrache à la tige et qui doute de survivre !

« Je ne peux pas abandonner ce qui m'a protégée[36]. Vous m'exposez à la violence, me livrant sans défense au premier venu. Vous ne me comprenez pas. Assis froidement sur votre chaise, vous feignez l'affection. Vos paroles de miel réveillent et distillent en moi le poison. Votre discours est double, vous voulez m'endormir afin de mieux m'assaillir. Croyez-vous que je vais me rendre pieds et poings liés à un être qui profite de mes confidences pour reprendre à son compte, en décuplant leur intensité, les jeux qui, enfant, m'ont tant blessée[37] ? »

« Parlez-moi davantage ! Lorsque vous avez le sentiment que je vous harcèle, que je profite de vous sans vous comprendre, dites-moi ce que vous ressentez[38]. »

« Et je vous dis et vous répète[39] que j'ai toujours été exploitée lorsque j'ai osé enlever l'armure protectrice. Je ressens en chacun de vos gestes une agression contre laquelle je dois me défendre avant même que vous ne l'ayez formulée.

35. Loyauté au sujet autonome, invitation à remplacer le protectionnisme par une relation nourrissante à soi-même.

36. Rétroaction négative. Réactivation de l'ancien mode de survie face au rejet (possiblement induit par la peur de l'autonomie).

37. Émergence dans la relation thérapeutique (résonance entre le client et le thérapeute) des sentiments de rejet du client. Dans cette relation, il a enfin la chance d'apparaître avec le douloureux double lien suivant : je veux être entendu et respecté mais cela n'a jamais pu être, alors comment croire que c'est possible ; et si cela le devient, je devrai alors m'exposer sans armure dans la relation et donc devenir émotivement observateur de la première blessure ayant motivé cette position de survie (Elkaïm, 1989).

38. Au lieu de linéariser le paradoxe du client (justification, accusation), le thérapeute en épouse les deux pôles (travail sur la résonance) afin d'en faire émerger la logique interne plutôt que de tenter de la réduire. Le thérapeute apparaît à la fois comme celui qui agresse et qui respecte, qui *écoute* la plainte : « tu n'écoutes pas » (Elkaïm, 1989).

39. Passage de rétroaction négative (rester dans le rejet) en rétroaction positive (parler du rejet).

Pourtant, je ne me doute pas en ce moment que si je cède à votre sincérité je perds mon univers. Je me retrouve démunie, dénudée, à vif, avec cette blessure que je cache depuis ma tendre enfance. L'oubli et la froideur sont mes seules armes. Je n'ai mémoire que d'un seul réflexe, celui d'attaquer, afin que jamais ne remontent en surface ces deux mots : touche-moi.

Mais avec vous pas moyen d'esquiver. Ah ! si à votre tour vous m'attaquiez en échange. Choisissez de vous justifier, essayez de me prouver qu'aucune intention malveillante ne vous habite. Il faut me culpabiliser, m'assurer de votre gentillesse, de votre disponibilité et de votre prévenance à bercer ma peine. Ainsi tout sera plus facile ! Je reconnaîtrai dans vos manœuvres les stratégies qui dans ma jeunesse ont été utilisées pour me manipuler. Et alors cette rencontre cœur à cœur entre nous aura cessé. Car tout accès intime à cette blessure première vous sera refusé[40]. »

« Dites-m'en plus[41] », me répondez-vous dans le respect de ces émotions violentes et désespérées, culs-de-sac qui bloquent tout lendemain. Émotions redondantes d'une vieille rengaine dont le chant m'arrime à l'antique matrice.

« À quoi la situation présente vous fait-elle penser, quelle filiation de sensations évoque-t-elle[42] ? »

Dois-je vous avouer que je reproche à ma fille Catherine de ne pas vouloir me parler, alors qu'à son approche tout mon corps se cambre ? Et vous dire comment, dans nos discussions, j'exige de Pierre tendresse et affection, alors que jamais je ne vais au lit sans me sentir épuisée ; comment alors je lui rappelle, s'il s'approche de moi, son manque de sensibilité et son indifférence à mon endroit[43]...

40. Toute tentative de réduction de la complexité du paradoxe aurait entraîné la répétition des sentiments de rejet, la confirmation de leur pertinence et le blocage du processus thérapeutique. Ce travail sur le rejet devient le *tournant où se joue la thérapie* et grâce auquel la validation du sentiment d'avoir le droit à une identité nouvelle et personnelle peut éclore.

41. Amplification de la rétroaction positive pouvant possiblement conduire à une rétroaction évolutive, c'est-à-dire à un nouveau niveau d'organisation du système.

42. Résonance.

43. Le travail sur le double lien ayant émergé en thérapie grâce au travail sur la résonance entre le thérapeute et le client (co-construction), il permet l'émergence de l'observateur dans les autres résonances de la vie du client (et

Devant tant de contradictions, je rapetisse à vue d'œil[44]. Devant vous sur cette chaise, je suis la grande et la petite, à l'interface de deux mondes[45] et je ne sais si je dois vous attaquer ou vous demander de l'aide. Comment être sûre de ne pas être blessée si je vous avoue que j'ai besoin de votre présence comme de l'eau au désert. Si j'avoue ma peur de découvrir une source nouvelle qui par après s'évanouirait tel un mirage, de m'exalter dans l'espoir pour sombrer de plus belle dans le retranchement d'une vie flétrie. Ah ! l'angoisse de quitter un radeau méticuleusement aménagé pour un voilier qui pourrait tout autant vous larguer ou échouer[46]. J'ai tant besoin de vous demander comment faire pour que demain ne soit pas le décalque d'hier.

« Vous avez le droit, me dites-vous, d'aimer et de haïr, de prendre quelqu'un dans vos bras un soir et de rester seule le lendemain. D'enlacer ceux qui répondent à vos élans et de laisser à eux-mêmes ceux dont la chimie ne vous est pas complémentaire. De changer votre armure pour un solide bouclier, de le déposer, de le reprendre à souhait. »

De glaive tranchant vos paroles deviennent fil de fer sur lequel, funambule, je peux prendre pied et chercher mon chemin[47].

Pour la première fois de ma vie, je sens qu'on ne cherche pas à me contrôler. Je peux vous entendre sans être obligée d'acquiescer. Je peux réfléchir à ce qui m'est présenté sans en faire l'enjeu d'une guerre. Je peux penser, je peux parler, je peux écouter et je peux me

sûrement du thérapeute aussi, un postulat de la cybernétique du second ordre étant que la thérapie est une relation de co-construction favorisant, entre autres par le travail sur les résonances, l'émergence de l'observateur et donc le changement de tous les membres du système, incluant le thérapeute).

44. Voir dans Ausloos, 1995, le très beau chapitre « Chaos et complexité », p. 99.

45. Qu'est-ce que la réalité ? (Elkaïm, 1989, p. 38).

46. Période de fluctuation entre rétroaction négative et positive.

47. Ayant émergé de la position de « rejet à tout prix » pour maintenir la vieille construction du monde (Elkaïm, 1995), il devient possible de canaliser les énergies pour la création de nouvelles voies, et la pleine utilisation des ressources. Durant ce passage de la thérapie les changements apparaissent à un rythme accéléré, voire « miraculeux ».

taire tout en respirant, bien vivante, et jouir de frontières amovibles sans besoin d'écraser ni moi-même ni les autres[48].

Vous dire que je suis au paradis serait vous mentir. Puis-je vous informer, sans colère ni panique, que vos horaires ne me conviennent pas, que je voudrais en négocier de nouveaux, tenant compte de vos besoins et des miens ? Ah, quel effort[49] !

Été

La thérapie est alors devenue un champ d'entraînement où le risque profitait à l'épanouissement de la vie.

Un jour que je racontais tout cela à une amie, elle a bien ri et m'a fait remarquer que les chicanes entre Pierre et moi s'étaient multipliées.

Et je me suis mise à penser au mythe[50] de l'harmonie qui rongeait mes parents et qui leur défendait d'articuler les différends qui les séparaient. J'ai réalisé que Pierre et moi avions, par accord tacite, communié à ce mythe, que maintenant nous cessions d'accumuler les conflits larvés, que nous nous apprivoisions à bien nous chicaner.

Cette nouvelle situation me fait sourire et me gêne un peu comme si je commettais quelque infidélité au serment donné. C'est un peu comme si je faisais l'amour après le deuil d'un être cher[51], me reprochant de jouir d'une vie renouvelée, de toucher à nouveau une chair vivante.

Lorsque ma fille se révolte je ne me reconnais plus. Le fauve en moi se tapit, adoucissant ses réactions; parfois même je prends le temps de respirer et je m'émeus de son désarroi. Je me revois à son

48. Apprentissage de type III : apprendre à créer son nouvel univers, c'est-à-dire aller au-delà de l'adaptabilité (apprentissage de type II : transposition des habiletés dans de nouveaux contextes) ou de la simple répétition (apprentissage de type I : refaire la même chose dans des contextes différents). (Voir Amiguet et Julier, 1996, p. 194.)

49. Différenciation : pouvoir dire oui ou non sans colère et sans culpabilité (voir la pensée de Bowen dans Elkaïm, 1995, p. 67).

50. Voir *Dictionnaire*, p. 344 et Elkaïm, 1995, p. 115.

51. Pour une présentation de l'aspect développemental et évolutif de la relation de couple voir Caillé, 1991 et Bader et Pearson, 1988 (pour une vulgarisation de leur modèle : Hone et Mercure, 1992).

âge, je repense à mes propres sentiments de menace, j'essaie de lester la corde par laquelle je la retiens et de lui donner le droit à la distance. Un jour à mon grand étonnement, Catherine a pleuré dans mes bras la peine de sa première rupture, s'accusant d'avoir été rejetée à cause de sa froideur.

Avant cette thérapie, ma vie se partageait entre mes ambitions au travail, les corvées de la maison et des relations monotones. Aujourd'hui je ne sais pas ce que sera ma vie. Le quotidien, auparavant un tremplin pour ma rage sourde, m'est devenu un espace où je peux discerner qui je suis et comment y vivre[52].

J'ai peur de perdre Pierre. Aimera-t-il qui je suis, qui je deviens et que je ne connais pas encore ? Je me sens si fragile ! Chaque insécurité m'oblige à soigner mes blessures et à croire en moi. Je crois que, si cette épée de Damoclès tant appréhendée me tombait sur la tête, je trouverais bien une façon de survivre et même de construire à nouveau une demeure. Comme un cratère immense peut devenir le corps d'un jardin, ma foi repose humblement sur cette permission d'une vie renouvelée que m'accordent les forces qui en moi s'éveillent.

Rêverie

Ma mère repose au salon mortuaire. Des visages se penchent sur elle, on dirait les feuilles d'un saule pleureur un jour d'averse et de soleil, qui à un moment pleure sous la pluie et à un autre se réjouit d'une éclaircie. Je pose le doigt sur le front de ma mère. Dans ses plis sont gravés, en sillons de glace, toutes les paroles, les injonctions qui, comme des bornes, ont marqué sa vie... et la mienne[53] !

Je suis fascinée ! Dans quel monde maintenant toutes ces paroles sont-elles emportées ?

Et soudain je me revois adolescente chez le coiffeur que mon jeune frère fréquentait. J'attends. En finirai-je d'être la gardienne et de subir les admonestations de ma mère : « Attention ! Les cheveux coupés court, tu comprends. Tiens-lui la main pour traverser la rue ! » Je rêve de liberté, du plaisir de gambader avec les amies ! Et je

52. Passage du « pseudo-soi » au « soi solide » selon l'expression de Bowen (*Dictionnaire*, p. 504).

53. Transmission multigénérationnelle, voir Bowen (*Dictionnaire*, p. 505).

suis là à gâcher ma journée, à jouer les gendarmes et les nounous ! Mes yeux sont attirés par des reflets irisés que me renvoie le miroir, reflets où s'entremêlent le blanc et le rouge des bâtonnets de sucre d'orge des Noëls de mon enfance. J'oubliais alors, pour un instant, les démêlés familiaux. La colère de mon frère me ramène à la réalité : « Merde, je n'ai plus un poil ! » Et moi de le traiter de sans-cœur. De retour à la maison, je subis les remontrances de ma mère tout à l'encontre des jérémiades du frère : « Encore dans la lune, t'as pas remarqué que ses cheveux sont trop longs ? »

Et maintenant, ô miracle ! la voix de ma mère se taira à jamais. À moins que d'un au-delà que je ne soupçonne pas encore...

Son visage emprunte successivement les traits de sa mère, de sa grand-mère, de son arrière-grand-mère. Chaque visage retient les caractéristiques du précédent. Ils sont tous marqués d'une expression indélébile qui suggère la longue patience d'une tendresse sacrifiée par excès de loyauté[54]. En somme les visages sont indissociables, chacun empruntant à l'autre sa détresse, au point d'abolir toute forme d'individualité[55].

Puis je pose le doigt sur mon propre front. La chair est froide ! Il me semble palper les rides de ma mère. À mes côtés, ma fille pleure doucement au souvenir de sa grand-mère si chaleureuse, si affectueuse. Stupéfaite, je vois se dessiner sur le front de ma fille les mêmes rides qui froissent le mien. Grands dieux ! Serait-ce à mon tour de lui léguer cet héritage que des générations de mères se passent de l'une à l'autre ?

Mon cœur ne fait qu'un bond. Je suis aveuglée par une rafale d'éclairs. Une flamme, faible d'abord, s'élève pour embraser le cercueil. Puis je penche la tête, et l'abandonne au feu[56]...

* * *

Je m'éveille de cette rêverie. Le soleil me couvre d'un or dont j'avais oublié la chaleur. La chaleur aurait un poids ? C'est le bras de Pierre

54. Voir Amiguet et Julier, 1996, p. 273 ; Elkaïm, 1995, p. 55, « Introduction aux thérapies familiales intergénérationnelles » et *Dictionnaire*, p. 519.

55. Voir le concept de différenciation de Bowen (Elkaïm, 1995, p. 75).

56. Les fruits de l'exonération apparaissent : l'abandon des loyautés invisibles contraignantes.

à mes côtés qui m'enlace. Et sa jambe qui repose sur la mienne. Et le cœur que je sens battre comme un sexe dans ma main[57]. Je songe au grand départ vers l'Eldorado que nous nous promettions à chaque anniversaire[58] ! À ces grandes plages de tendresse où s'enliser dans les sables de l'intimité ! À ces rêves toujours révoqués quand soudain Pierre, par quel miracle[59], se redresse, passe sa main sur mon front et s'exclame : « Viens ! Partons ensemble. »

57. Dans la pensée systémique les symptômes peuvent être considérés dans différentes perspectives (Amiguet et Julier, 1996, p. 238) ayant en commun le fait qu'ils sont un langage. Ainsi ces symptômes, telles des dysfonctions sexuelles, peuvent se résoudre « spontanément » lorsque des interdits profonds, des doubles contraintes, des impasses relationnelles sont résolus. On comprend alors pourquoi ces symptômes se cristallisent ou se déplacent lorsqu'ils sont abordés sans s'occuper du contexte relationnel.
58. Un rituel de conflit devient un pont à l'intimité.
59. La « totalité » est une propriété des systèmes qui permet de penser que lorsqu'un élément d'un système change, tout le système change.

Bibliographie générale

ACKERMAN, Nathan W. (1958), *The Psychodynamics of Family Life*, New York, Basic Books (réédité en 1995 chez Aronson).

AMIGUET, Olivier et Claude JULIER (1996), *L'intervention systémique dans le travail social*, Genève, IES.

ANDOLFI, Maurizio (1982), *La thérapie avec la famille*, Paris, ESF éditeur.

ANDREAS, Steve (1991), *Virginia Satir: The Patterns of Her Magic*, Palo Alto, Science and Behavior Books.

AUSLOOS, Guy (1998), « Qu'en est-il du constructionnisme postmoderne ? », *Thérapie familiale*, vol. 19, n° 1, p. 5-11.

— (1995), *La compétence des familles. Temps, chaos, processus*, Ramonville Saint-Agne, Éditions Érès, coll. « Relations ».

— (1994), « La compétence des familles, l'art des thérapeutes », *Service social*, vol. 43, n° 3, p. 7-22.

— (1990), « Individu. Symptôme. Famille », *Thérapie familiale*, vol. 11, n° 3, p. 273-279.

— (1983), « Finalités individuelles, finalités familiales », *Thérapie familiale*, vol. 4, n° 2, p. 210-219.

BADER, Ellyn et Peter T. PEARSON (1988), *In Quest of the Mythical Mate : A Development Approach to Diagnosis and Treatment in Couples Therapy*, New York, Brunner-Mazel.

Bandler, Richard et John Grinder (1975), *The Structure of Magic: A Book about Language and Therapy*, Palo Alto, Science and Behavior Books.

Bandler, Richard, John Grinder et Virginia Satir (1976), *Changing with Families*, Palo Alto, Science and Behavior Books.

Barudy, Jorge (1997), *La douleur invisible de l'enfant. Approche éco-systémique de la maltraitance*, Ramonville Saint-Agne, Éditions Érès.

Bateson, Gregory (1991), *A Sacred Unity: Further Steps to an Ecology of Mind*, New York, Rodney E. Donaldson Ed.

— (1984), *La nature et la pensée*, Paris, Éditions du Seuil.

— (1977 et 1980), *Vers une écologie de l'esprit*, t. I: 1977 et t. II: 1980, Paris, Éditions du Seuil. (Traduction française du titre *Steps to an Ecology of Mind.*)

— (1979), *Mind and Nature — A Necessary Unit*, New York, Dutton.

— (1976), *Steps to an Ecology of Mind*, New York, Ballantine Books.

Bateson, Gregory *et al.* (1981), *La nouvelle communication*, textes recueillis et présentés par Yves Winkin, Paris, Éditions du Seuil, coll. « Points ».

Bateson, Gregory et Mary Catherine Bateson (1989), *La peur des anges: vers une épistémologie du sacré*, Paris, Éditions du Seuil.

Bateson, Gregory et J. Ruesch (1988), *Communication et société*, Paris, Éditions du Seuil.

Becvar, Dorothy Stroh et Raphael J. Becvar (1996), *Family Therapy. A Systemic Integration,* 3e éd., Boston, Alleyn and Bacon.

Benoit, Jean-Claude (1995), *Le traitement des désordres familiaux*, Paris, Dunod.

— (1984), *Les théories systémiques et la thérapeutique institutionnelle*, Paris, Masson.

Benoit, Jean-Claude, Jacques-Antoine Malarewicz, Jacques Beaujan, Yves Colas *et al.* (1988), *Dictionnaire clinique des thérapies familiales systémiques*, Paris, ESF éditeur.

Berg, I. K. (1996), *Services axés sur la famille: une approche centrée sur la solution*, Bruxelles/Saint-Hyacinthe, Satas/Édisem.

Berger, Peter et Thomas Luckmann (1992), *La construction sociale de la réalité*, Paris, Méridiens-Klincksieck.

Boss, Pauline G., William J. Doherty, R. Larossa, W. Schumm et S. Steinmetz (1993), *Sourcebook of Family Theories and Methods. A Contextual Approach*, New York, Plenum Press.

Brodeur, C., R. Rousseau et P. Daher (1980), « L'intervention de réseaux », *Service social*, vol. 23, no 3.

Bruneau, Jacques (1996), « Protéger l'enfant sans être hors-la-loi ? », *Cahiers critiques de thérapie familiale et de pratiques de réseaux*, numéro thématique: *Traiter la maltraitance: une remise en question.*

CABIÉ, Marie-Christine et Luc ISEBAERT (1997), *Pour une thérapie brève: le libre choix du patient comme éthique en psychothérapie*, Genève, Éditions Érès.

CAILLÉ, Philippe (1993), « Préface », dans Jean-Paul MUGNIER, *L'identité virtuelle. Le jeu de l'offre et de la demande dans le champ social*, Paris, ESF éditeur.

— (1991), *Un et un font trois*, Paris, ESF éditeur.

CAPLOW, Théodore (1986), *Deux contre un*, Paris, ESF éditeur.

CECCHIN, Gian Franco (1987), « Hypothesizing, Circularity and Neutrality revisited: An Invitation to Curiosity », *Family Process*, vol. 26, nº 4, p. 405-413.

CHEMIN, André, Annick CARON et Annie JOLY (1992), « Bilan après 15 ans de pratique à l'intervention systémique en A.E.M.O. », *Thérapie familiale*, vol. 13, nº 1, p. 55-63.

CIRILLO, Stefano et Paula DI BLASIO (1992), *La famille maltraitante*, Paris, ESF éditeur.

COMPHER, John Victor (1990), *Family-Centered Pratice: The Interactional Dance Beyond The Family System*, New York, Human Sciences Press.

CROMBEZ, J. C. (1994), *La guérison en écho*, Beauport, MNH.

CYRULNIK, Boris (1997), *L'ensorcellement du monde*, Paris, Odile Jacob.

DE SHAZER, Steve (1988), *Clues: Investigating Solutions in Brief Therapy*, New York, Norton.

ELKAÏM, Mony (dir.) (1995), *Panorama des thérapies familiales*, Paris, Éditions du Seuil.

— (1989), *Si tu m'aimes, ne m'aime pas: pourquoi ne m'aimes-tu pas, toi qui prétends m'aimer? Approche systémique et psychothérapie*, Paris, Éditions du Seuil.

FISCH, Richard, John WEAKLAND et Lynn SEGAL (1986), *Tactiques du changement. Thérapie et temps court*, Paris, Éditions du Seuil.

GILLIGAN, Stephen G. et Reese PRICE (1993), *Therapeutic Conversations*, New York, Norton.

GOLDBERG, Philip (1986), *L'intuition*, Montréal, Les Éditions de l'Homme.

GOOLISHIAN, Harold et Harlene ANDERSON (1992), « Strategy and Intervention Versus Nonintervention. A Matter of Theory », *Journal of Marital and Family Therapy*, vol. 18, nº 1, p. 5-15.

HALEY, Jay (1993), *Stratégies de la psychothérapie*, Ramonville Saint-Agne, Éditions Érès.

— (1991), *Tacticiens du pouvoir: Jésus-Christ, le psychanalyste, le schizophrène et quelques autres*, 3e éd., Paris, ESF éditeur.

— (1984), *Un thérapeute hors du commun: Milton H. Erickson*, Paris, Desclée de Brouwer.

— (1981), *Nouvelles stratégies en thérapie familiale*, Montréal, Éditions France-Amérique. Voir aussi l'édition anglaise plus récente (1991), 2e éd., de *Problem-Solving Therapy*, San Francisco, Jossey-Bass.

— (1980), « Thérapie et contrôle social », *Thérapie familiale*, vol. 3, no 2, p. 115-132.

— (1971), « A Review of The Family Therapy Field » et « Family Therapy : A Radical Change », dans *Changing Families. A Family Therapy Reader*, New York, Grune et Stratton.

HARDY, Guy, C. DE HESSELLE, C. DEFAYS et H. GERREKENS (1993-1994), « De l'aide contrainte à l'intervention sous mandat », *Thérapie familiale*, première partie : vol. 14, no 4, p. 353-365 et deuxième partie : vol. 15, no 2, p. 167-185.

HARE-MUSTIN, Rachel (1978), « A Feminist Approach to Family Therapy », *Family Process*, vol. 17, no 2, p. 181-194.

HERR, J. et J. WEAKLAND (1979), *Counseling Elders and Their Families*, New York, Springer.

HONE, G. et J. MERCURE (1992), *Les saisons du couple*, Ottawa, Novalis.

JOLY, Y. *et al.* (1986), *La thérapie de couple dans une perspective systémique. Approche interactionnelle*, Montréal, Bellarmin.

JUNG, Carl Gustav (1963), *L'âme et la vie*, Paris, Buchet-Chastel.

KEENEY, Bradford P. (1983), *Aesthetics of Change*, New York, Guilford Press.

KÉROUAC, M. (1996), *La métaphore thérapeutique et ses contes : études éricksonniennes*, North Hatley, Mkr.

LAMARRE, Suzanne (1998a), *Aider sans nuire : de la victimisation à la coopération*, Montréal, Lescop.

— (1998b), « De la victimisation à la coopération : une pratique d'intervention développée au Québec », dans Suzanne LAMARRE, Michel DE CLERCQ et Herman VERGOUWEN (dir.), *Urgences psychiatriques et politiques de santé mentale ; une perspective internationale*, Paris, Masson, p. 65-95.

— (1992), « Protectionism : A pathogenic relational process », dans J. B. VAN LUYN *et al.*, *Emergency Psychiatry Today*, New York, Elsevier Science B. V., p. 211-214.

LAMARRE, Suzanne et Huguette BÉLANGER (1994), « Approche systémique », dans Huguette BÉLANGER et Louise CHARBONNEAU (dir.), *La santé des femmes*, Saint-Hyacinthe/Montréal/Paris, Édisem/ FMOQ/Maloine.

LANGSLEY, D. et D. KAPLAN (1968), *The Treatment of Families in Crisis*, New York, Grune et Stratton.

LE MOIGNE, Jean-Louis (1990), *La modélisation des systèmes complexes*, Paris, Dunod.

LUEPNITZ, D. (1992), *The Family Interpreted : Psychoanalysis, Feminism and Family Therapy*, New York, Basic Books.

MADANÈS, Cloé (1991), *Stratégies en thérapie familiale*, Paris, ESF éditeur.

— (1990), *Sex, Love and Violence*, New York, Norton.

— (1988), *Derrière la glace sans tain : l'art du superviseur en thérapie familiale stratégique*, Paris, ESF éditeur.

MAISONDIEU, Jean et Léon Métayer (1994), *Les thérapies familiales*, 2e éd., Paris, PUF, coll. « Que sais-je ? », no 2286.

MALAREWICZ, Jacques-Antoine (1992), *Quatorze leçons de thérapie stratégique*, Paris, ESF éditeur.

MIERMONT, Jacques (dir.) (1988), *Dictionnaire des thérapies familiales : théories et pratiques*, Paris, Peyot.

MINTZBERG, Henry (1984), *Structure et dynamique des organisations*, Paris/Montréal, Éditions Organisation/Agence d'Arc.

MINUCHIN, Salvador (1983), *Familles en thérapie*, Paris, Éditions universitaires.

— (1967), *Families of the Slums*, New York, Basic Books.

MINUCHIN, Salvador et Michael NICHOLS (1993), *Family Healings : Tales of Hope and Renewal from Family Therapy*, New York, Free Press.

MOREAU, Maurice (1987), « L'approche structurelle en travail social : implications pratiques d'une approche intégrée conflictuelle », *Service social*, vol. 36, nos 2-3, p. 227-247.

— (1982), « L'approche structurelle familiale en service social : le résultat d'un itinéraire critique », *Revue internationale d'action communautaire*, no 47, p. 159-171.

MORIN, Edgar (1991), *La méthode*, t. IV : *Les idées*, Paris, Éditions du Seuil.

— (1990), *Introduction à la pensée complexe*, Paris, ESF éditeur.

NAPIER, Augustus et Carl WHITAKER (1978), *Le creuset familial*, Paris, Laffont.

O'HANLON, William et S. BEADLE (1997), *Guide du thérapeute au pays du possible*, Bruxelles, Satas.

O'HANLON, William et Michele WEINER-DAVIS (1995), *L'orientation vers les solutions : une approche nouvelle en psychothérapie*, Bruxelles, Satas.

PAUZÉ, Robert (1996), *Gregory Bateson. L'itinéraire d'un chercheur*, Ramonville Saint-Agne, Éditions Érès.

PENN, Peggy (1982), « Circular Questioning », *Family Process*, vol. 21, no 3, p. 267-280.

PITTMAN, Frank S. (1987), *Turning Points : Treating Families in Transition and Crisis*, New York, Norton.

PLUYMAEKERS, Jacques (dir.) (1989), *Familles, institutions et approche systémique*, Paris, ESF éditeur.

ROSNAY, Joël de (1977), *Le macroscope : vers une vision globale*, Paris, Éditions du Seuil.

SATIR, Virginia M. (1982), *Thérapie du couple et de la famille*, Paris, EPI.

SCHUTZ, Alfred (1994), *Le chercheur et le quotidien: phénoménologie des sciences sociales*, Paris, Méridiens-Klincksieck.

SELVINI PALAZZOLI, Mara *et al.* (1983), « Hypothétisation, circularité, neutralité: guides pour celui qui conduit la séance », *Thérapie familiale*, vol. 4, n° 2, p. 117-132.

— (1975), *Paradox and Counter Paradox; A New Model in the Therapy of the Family in Schizophrenic Transaction,* New York, Aronson. Traduction française: *Paradoxe et contre-paradoxe: un nouveau mode thérapeutique face aux familles à transaction schizophrénique*, Paris, ESF éditeur, 1990.

SERON, Claude et Jean-Jacques WITTEZAELE (1991), *Aide ou contrôle: l'intervention thérapeutique sous contrainte*, Bruxelles, De Boeck-Wesmael.

SEYWERT, F. (1993), « Le questionnement circulaire », *Thérapie familiale*, vol. 14, n° 1, p. 73-88.

SPECK, Ross V. et C. ATTNEAVE (1973), *Family Networks,* New York, Pantheon Books.

SPEER, David (1970), « Family Systems: Morphostasis and Morphogenesis, or "Is Homeostasis Enough?" », *Family Process*, vol. 9, n° 3, p. 259-278.

TOMM, K. (1985), « Circular Interviewing: A Multifaceted Clinical Tool », dans D. CAMPBELL et R. DRAPER (dir.), *Applications of Systemic Family Therapy: The Milan Approach*, Londres-Toronto, Grune et Stratton.

VILLENEUVE, C. et A. TOHARIA (1997), *La thérapie familiale apprivoisée*, Toulouse /Montréal, Éditions Érès/Presses de l'Université de Montréal, coll. « Relations ».

WALLISER, Bernard (1977), *Systèmes et modèles — Introduction critique à l'analyse des systèmes*, Paris, Éditions du Seuil.

WATZLAWICK, Paul (1991), *Les cheveux du baron de Münchhausen: psychothérapie et réalité*, Paris, Éditions du Seuil.

— (dir.) (1988), *L'invention de la réalité*, Paris, Éditions du Seuil, coll. « Points/ Essais ». Traduction du titre anglais (1984), *The Invented Reality: How Do We Know What We Believe We Know*, New York, Norton.

— (1980), *Le langage du changement: éléments de communication thérapeutique*, Paris, Éditions du Seuil.

WATZLAWICK, Paul, Janet HELMICK-BEAVIN et Don D. JACKSON (1981), *Une logique de la communication*, Paris, Éditions du Seuil.

WATZLAWICK, Paul, John WEAKLAND et Richard FISCH (1981), *Changements: paradoxes et psychothérapie*, Paris, Éditions du Seuil.

WHITAKER, Carl (1989), *Midnight Musings of a Family Therapist*, New York, Norton. (Paru en français en 1998 sous le titre *Les rêveries d'un thérapeute familial*, Paris, ESF éditeur.)

WITTEZAELE, Jean-Jacques et Teresa GARCIA (1992), *À la recherche de l'école de Palo Alto*, Paris, Éditions du Seuil.

Les auteurs

Christian Côté a longtemps été travailleur social dans une agence familiale et dans un département de psychiatrie infantile. Il a enseigné l'intervention systémique individuelle et familiale, de 1970 à 1998, à l'École de service social de l'Université Laval. Il travaille pour le Centre de consultation conjugale et familiale et le centre de formation en court terme planifié systémique à Québec.

Jean Parratte a pratiqué la psychiatrie en France tout en se spécialisant en thérapie familiale et en intervention de crise. En 1987, il s'est installé au Québec et a poursuivi sa formation auprès de Guy Ausloos. Il a participé avec celui-ci et Suzanne Lamarre au développement de la Fondation pour la recherche en approche systémique (FRAS). Il travaille comme psychiatre à la Cité de la Santé de Laval et forme des thérapeutes dans divers milieux. Il est chargé de cours au certificat de santé mentale et membre du conseil du programme.

Louise Landry Balas a fait ses études en psychologie à l'Université de Göttingen en Allemagne où elle s'était déjà intéressée à l'approche systémique. Après son retour au pays en 1976, elle a travaillé comme psychologue clinicienne en milieu hospitalier, puis en pratique privée. Elle contribue activement par ses conférences, son enseignement au certificat de santé mentale, ses écrits et l'organisation de colloques à la diffusion de la vision systémique.

Suzanne Lamarre est médecin psychiatre et a fondé la FRAS en 1991, avec Guy Ausloos. Elle est membre de plusieurs associations professionnelles et vice-présidente de l'International Association of Emergency Psychiatry. Elle est professeur assistant au département de psychiatrie de l'Université McGill et directrice du service d'urgences psychiatriques et de crise du centre hospitalier St-Mary de Montréal. Elle est membre du conseil de programme du certificat de santé mentale.

Diane Beauséjour possède une maîtrise en service social et un doctorat en communication de l'université de Paris X Nanterre. Consultante spécialisée dans les processus de coopération dans les organisations, elle travaille depuis plus de vingt ans dans le réseau de la santé et des services sociaux. Elle est également formatrice en intervention systémique et enseigne l'intervention de crise en santé mentale à l'Université de Montréal.

Marie Dumas a une maîtrise en sciences et fait une scolarité de doctorat en criminologie. Son expérience de clinicienne l'a d'abord amenée à se familiariser avec les problèmes sociaux et familiaux, puis avec les pharmacodépendances. Elle s'est spécialisée dans ce champ d'intervention depuis quinze ans, et a créé un centre d'aide en optant pour l'approche systémique. Elle se définit avant tout comme une systémicienne.

Jacques Bruneau a un baccalauréat en sexologie et une maîtrise en administration publique. Il est actuellement chef de service à la Protection de la Jeunesse pour la région de Lanaudière. Il est également président de la FRAS depuis 1997.

Marc-Antoine Gingras est psychothérapeute et éducateur pour adultes. Il a animé de nombreux ateliers et des émissions télévisées pédagogiques et interactives sur la question du changement. Il s'intéresse plus particulièrement au lâcher prise et à l'intégration des polarités comme processus de transformation. Il est chargé de cours en santé mentale à l'Université de Montréal.

Table des matières